kurz & knapp

Biologie
Sekundarstufe II

Wiederholen mit System
für Klausur & Abitur

INTUS VERLAG

Dr. W. Lüdicke
B. Lüdicke

Druck: A. Hellendoorn KG, Bad Bentheim

Fünfte überarbeitete Auflage 2005 ISBN 3-9806368-0-1

Umschlaggestaltung und Innen-Illustrationen: Ingo Arndt
Idee: Jack Wiebenga

Kleiberweg 5a
48527 Nordhorn
www.intus-verlag.de

Vorwort

kurz & knapp Biologie – Wiederholen mit System – bewährt sich seit nunmehr 10 Jahren nicht nur als Lernhilfe für die Sekundarstufe II mit allen abiturrelevanten Themen, sondern auch als Basisinformation für Anfangssemester im Studienfach Biologie.

Die Philosophie des Buchs, die Zusammenfassung des gesamten Oberstufenlehrstoffs in einem Buch durch sprachlich verkürzte Darstellung auf Doppelseiten (linke und rechte Seite bilden jeweils eine Einheit) und klare, der Informationstechnik entlehnte Gliederung der Themen, ist nach wie vor einzigartig.

Wir danken besonders Herrn Prof. Dr. Helmut Wieczorek von der Universität Osnabrück für die kritische Durchsicht einiger Kapitel, was neben kleineren Korrekturen zur kompletten Neubearbeitung der Seiten 20 und 21 (Transportvorgänge) sowie 103 (Hormonale Informationsverarbeitung) führte.
Weiterer Dank gilt Herrn Ingo Arndt, Grafik-Designer grad., Bad Bentheim, für die gelungenen Abbildungen und die digitale Aufbereitung der Daten.

Dr. Werner Lüdicke
Beate Lüdicke

Inhaltsverzeichnis

1. ZELLBIOLOGIE

Lichtmikroskop lichtoptisches Vergrößerungsgerät zur Untersuchung lebender und toter Objekte

Bau
- **Lichtquelle**
- **Blende** zur Lichtregulierung
- **optische Linsensysteme**
  - **Kondensor**
    bündelt
    - **Lichtstrahlen** durchdringen Objekt
  - **Objektiv** am Objektivrevolver erzeugt vergrößertes, reelles Zwischenbild des Objekts
  - **Okular** zur Nachvergrößerung des Zwischenbildes
    im
    - **Tubus**

Auflösungsgrenze
- **ca. 200 nm** Objektgröße

Elektronenmikroskop elektronenoptisches Vergrößerungsgerät zur Betrachtung toter Objekte
- **Transmissionselektronenmikroskop** (TME)
  Bau
  - **Anode** ringförmig
  - **Kathode als Elektronenquelle** glühender Wolframdraht
  - **Anode** ringförmig
  - **elektromagnetische Linsensysteme**
    - **Kondensor**
      bündelt
      - **Elektronenstrahlen** durchdringen ultradünn geschnittenes Objekt
    - **Objektiv** erzeugt vergrößertes Zwischenbild
    - **Okular** (Projektionslinse) lenkt Elektronenstrahlen auf Leuchtschirm
  - **Leuchtschirm** macht vergrößertes Bild sichtbar

  Auflösungsgrenze
  - **0,2 nm** Objektgröße
- **Rasterelektronenmikroskop** (REM) vergrößert Oberflächenstrukturen dreidimensionaler Objekte
  Funktionsprinzip
  - **Elektronenstrahl** trifft auf metallbedampfte Objektoberfläche
    dabei Bildung von
    - **Sekundärelektronen** machen Objektoberfläche auf Leuchtschirm sichtbar

Elektronenmikroskope sind luftleer, um Störungen des Elektronenstrahls durch Luftmoleküle zu vermeiden; das Objekt wird durch eine Schleuse in das Elektronenmikroskop eingebracht

prokaryontische Zelle (Protocyte) Struktur- und Funktionseinheit der Prokaryonten; ohne Zellkern

Größe
- **0,2-3 µm**

Bau
- **Zellwand** aus dem Glykoprotein Murein
- **Plasmamembran** Abschlussmembran
  mit
  - **Thylakoiden** Membraneinstülpungen; entsprechen den Plastiden der Eucyte
- **Nucleoid** membranloses Kernäquivalent mit einem einzigen, kreisförmigen DNA-Molekül
- **Cytoplasma** Zellinhalt ohne membranhaltige Strukturen
- **Ribosomen** für Proteinsynthese
- **Plasmide** extrachromosomale, ringförmige DNA-Moleküle
- **Geißel** zur Fortbewegung

eukaryontische Zelle (Eucyte) kleinste Struktur- und Funktionseinheit der Eukaryonten; mit Zellkern

Größe
- **10 - 100 µm** bei Pflanzen
- **8 - 50 µm** bei Tieren

Bau
- **Zellwand** mehrschichtige Hülle außerhalb der Plasmamembran bei Pflanzen; aus verschiedenen Polysacchariden
  Bau
  - **Mittellamelle** Kittsubstanz; verbindet die Wände benachbarter Zellen
    Bestandteile
    - **Pektine**
  - **Primärwand** der Mittellamelle benachbart; streckungsfähig
    Bestandteile
    - **Cellulose-Mikrofibrillen**
      zeigen
      - **Streutextur** Mikrofibrillennetze
    - **Hemicellulosen** (Cellulosane)
    - **Pektine**
    - **Wandproteine**
  - **Sekundärwand** nicht streckungsfähig
    Bestandteile
    - **Cellulose-Mikrofibrillen**
      zeigen
      - **Paralleltextur** Mikrofibrillen parallel
    - **Hemicellulosen**
    - **Lignin** (Holzstoff) Polymerisat aus Phenylpropanderivaten
  - **Tertiärwand** innerste dünne Wandschicht

Eukaryonten (Eukaryoten) Pflanzen, Pilze und Tiere

Prokaryonten (Prokaryoten) Bakterien und Cyanobakterien (früher Blaualgen)

Plasmodesmen Cytoplasmaverbindungen zwischen den Zellen durch die Zellwand

Tüpfel von Mittellamelle und Primärwand verschlossene Aussparungen in der Sekundär- und Tertiärwand; dienen dem Stoffaustausch zwischen den Zellen

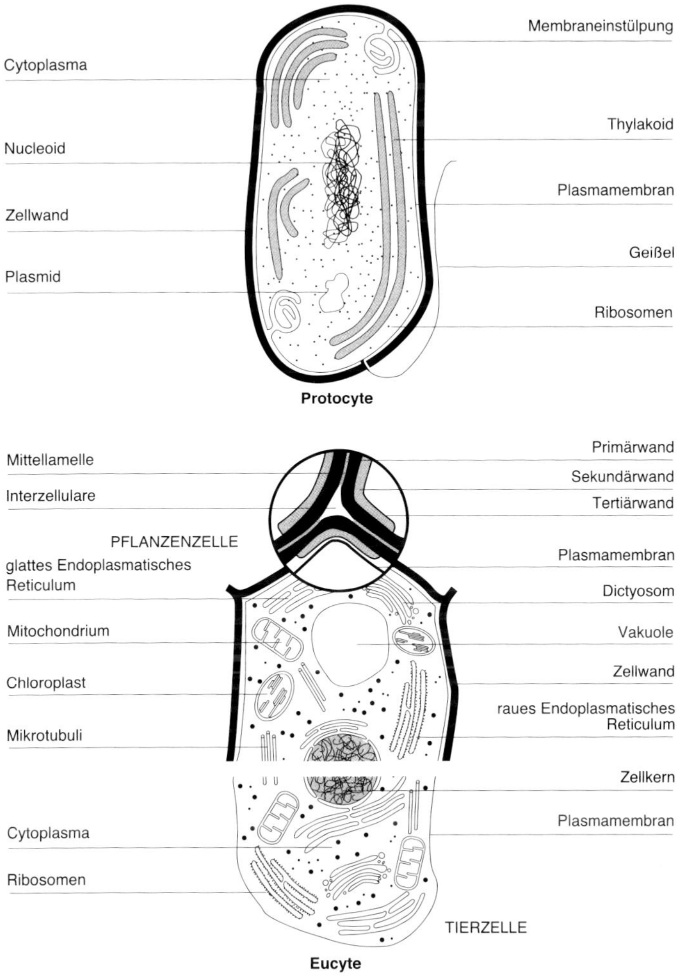

Protocyte und Eucyte im Vergleich

eukaryontische Zelle [Fortsetzung]

Bau

- **Kompartimente mit doppelter Membran** [Fortsetzung]
  - **Plastiden** [Fortsetzung]
    - **Chromoplasten** gelbe bis rote Farbstoffträger

      Vorkommen in
      - **Blüten und Früchten**

      Funktion
      - **Anlocken von Tieren** für Blütenbestäubung und Samenverbreitung

      Bestandteile
      - **Carotinoide** fettähnliche Stoffe
    - **Leukoplasten** farblos

      Vorkommen in
      - **unterirdischen Pflanzenteilen**
      - **Samen**
      - **Epidermis** Abschlussgewebe
      - **Mark** von Stängeln

      man unterscheidet
      - **Proteinoplasten** speichern Proteine
      - **Amyloplasten** speichern Stärke
- **Kompartimente mit einfacher Membran**
  - **Endoplasmatisches Reticulum** (ER) Röhren und Zisternen

    man unterscheidet
    - **raues ER** (rER) flächig; mit Ribosomen besetzt

      Funktion
      - **Proteinsynthese** an den Ribosomen
      - **Transportsystem**
    - **glattes ER** (sER) röhrig; ohne Ribosomen

      Funktion
      - **Lipidsynthese** (Fettsynthese)
      - **Transportsystem**
  - **Microbodies** kleine Bläschen

    Funktion
    - **enzymatischer Abbau von H_2O_2** (Wasserstoffperoxid)
  - **Golgi-System** (Golgi-Apparat) Abkömmling des ER

    Bau
    - **Dictyosomen** Stapel aus 3-12 scheibenförmigen Golgi-Zisternen
    - **Golgivesikel** schnüren sich von den Rändern der Golgi-Zisternen ab

    Funktion
    - **Sekretbildung** in Drüsenzellen
    - **Bildung, Vergrößerung und Regenerierung** der Plasmamembran

rER Abkürzung für rough ER
sER Abkürzung für smooth ER

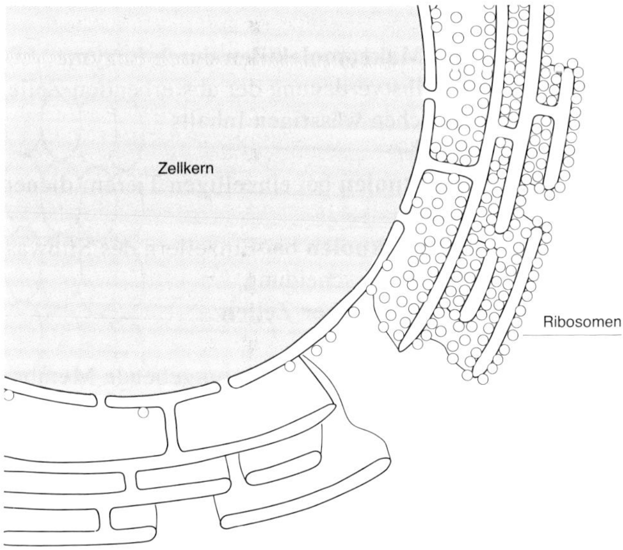

glattes Endoplasmatisches Reticulum **raues Endoplasmatisches Reticulum**

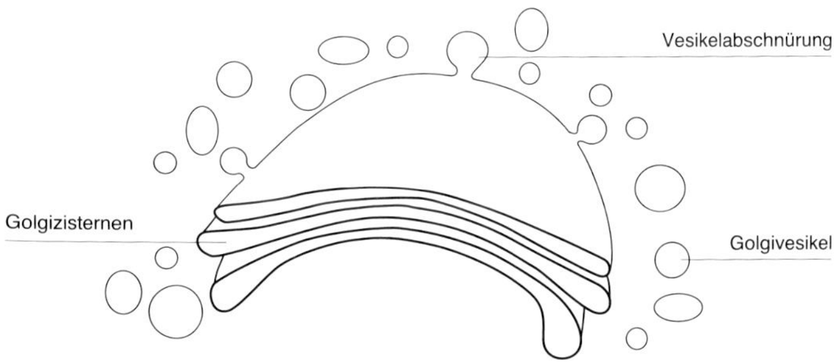

Dictyosom

Enzyme Biokatalysatoren; Reaktionsbeschleuniger, die aus der Reaktion unverändert hervorgehen

Kennzeichen

- **Wirkungsspezifität** Enzym nur einer Reaktion zugeordnet
- **Substratspezifität** Enzym nur einem Substrat zugeordnet
- **Milieuspezifität** Abhängigkeit der Enzymaktivität vom pH-Wert und der Temperatur

man unterscheidet

- **Proteinenzyme** nur aus Protein
- **Holoenzyme**

  Zusammensetzung

  - **Apoenzym** inaktiver Proteinanteil des Enzyms
  - **Cofaktor** katalytisch aktiver Nichtproteinanteil

    z.B.

    - **prosthetische Gruppe** fest an Apoenzym gebunden

      z.B.

      - **Häm** der Cytochromoxidase in der Atmungskette
    - **Coenzym** locker an Apoenzym gebunden; wird chemisch verändert

      z.B.

      - **ATP** Adenosintriphosphat; Energiespeicher und -lieferer
      - **NAD⁺** Nicotinamidadenindinucleotid; Wasserstoffakzeptor
      - **CoA** Coenzym A; Acetylgruppenüberträger

Wirkungsweise

- **Herabsetzung der Aktivierungsenergie** biochemischer Reaktionen
- **Bildung eines Enzym-Substrat-Komplexes**

  durch

  - **katalytisches Zentrum** (aktives Zentrum) des Enzyms

Benennung

- **Enzymnamen tragen Endsilbe -ase**

  Klassifikation nach umgesetztem Substrat

  - **Esterasen** spalten Ester
  - **Phosphatasen** spalten Phosphatreste ab
  - **Lipasen** spalten Fette
  - **Amylase** spaltet Stärke
  - **Urease** spaltet Harnstoff

  Klassifikation nach dem Reaktionstyp

  - **Oxidoreduktasen** beteiligt an Redoxprozessen
  - **Transferasen** übertragen Molekülgruppen
  - **Hydrolasen** katalysieren hydrolytische Spaltung
  - **Lyasen** katalysieren Eliminierungsreaktionen
  - **Isomerasen** sind bei Molekülumlagerungen beteiligt
  - **Ligasen** knüpfen Bindungen

Coenzyme sind häufig Abkömmlinge von Vitaminen; Vitamin B_1 (Thiamin) ist als Thiaminbisphosphat das Coenzym CO_2-abspaltender Enzyme (Decarboxylasen), das B_2-Vitamin Niacin ist Baustein von NAD^+

Enzymnamen ohne Endsilbe -ase tragen z.B. die Verdauungsenzyme Trypsin und Pepsin

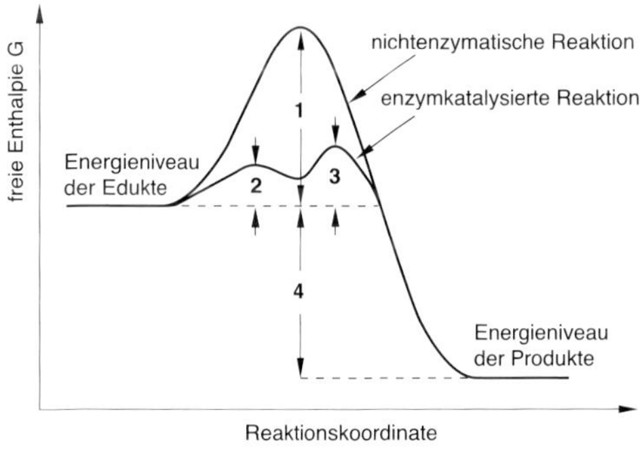

1 Aktivierungsenergie für die nichtenzymatische Reaktion
2 Aktivierungsenergie für die Bildung des Enzym-Substrat-Komplexes
3 Aktivierungsenergie für die enzymkatalysierte Reaktion
4 Nettobetrag der Änderung der freien Energie (△G)

Vergleich zwischen einer nichtenzymatischen und enzymkatalysierten Reaktion

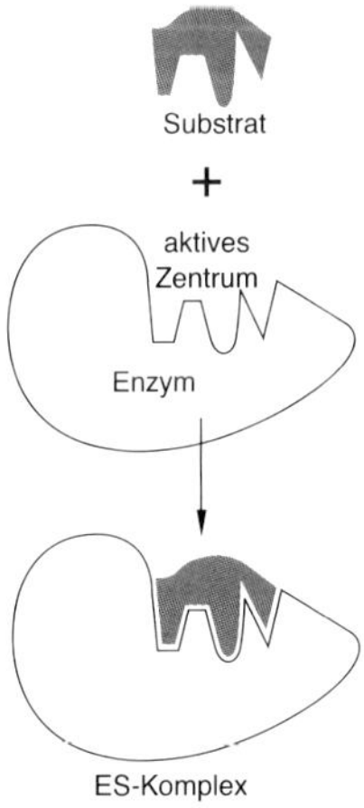

Bildung eines ES-Komplexes

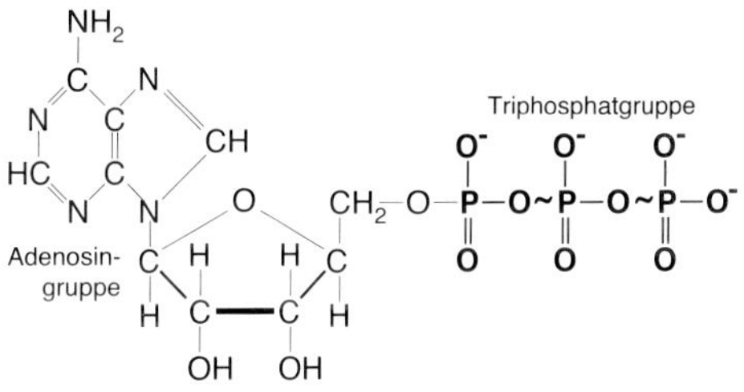

ATP (Adenosintriphosphat)

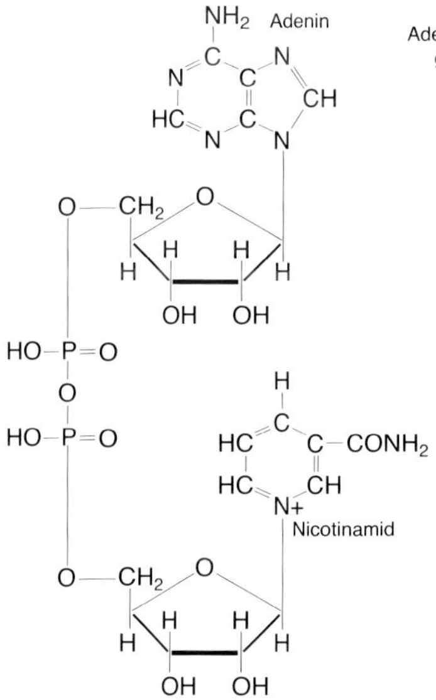

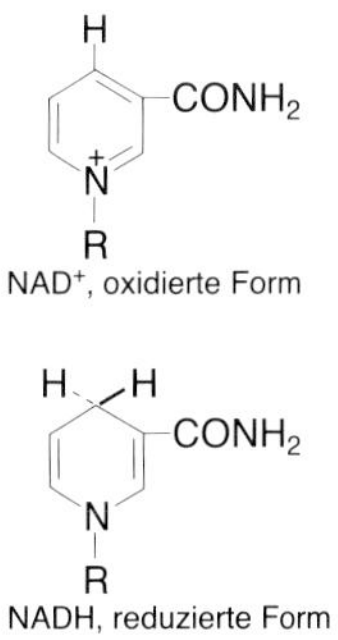

NAD^+ (Nicotinamid-Adenin-Dinucleotid)

Photosynthese photoautotropher Pflanzen [Fortsetzung]

abhängig von

- **Wellenlänge des Lichts**
- **Blattfarbstoffen**
  - **Chlorophylle**
    - **Chlorophyll a und b**
  - **Carotinoide**
    - **Carotine und Xanthophylle**
- **Beleuchtungsstärke**
- **CO_2-Konzentration**
- **Temperatur**
- **Wasser**

Gesamtbilanz

- **$6\ CO_2 + 12\ H_2O \rightarrow C_6H_{12}O_6 + 6\ O_2 + 6\ H_2O$** $\Delta G^{\circ\prime}$ ca. + 2872 kJ/mol

man unterscheidet

- **Lichtprozess $12\ H_2O + 12\ NADP^+ + 18\ ADP + 18\ P_i \rightarrow 6\ O_2 + 12\ NADPH + 12\ H^+ + 18\ ATP$** Primärreaktionen in den Thylakoidmembranen

  Reaktionen

  - **Photolyse $12\ H_2O \rightarrow 6\ O_2 + 24\ H^+ + 24\ e^-$** Wasserspaltung
  - **Lichtabsorption durch Photosystem II** (P_{680})

    durch

    - **Xanthophylle** mit Antennenfunktion
    - **Chlorophyll b** mit Antennenfunktion
    - **Chlorophyll a-680** Reaktionszentrum

      wird zu

      - **Elektronendonator**
  - **Elektronentransport über Redoxsysteme** durch Elektronenpaarübergänge
    - **nichtzyklischer Elektronentransport**

      dabei

      - **nichtzyklische Photophosphorylierung**
        - **$12\ ADP + 12\ P_i \rightarrow 12\ ATP$**
    - **zyklischer Elektronentransport**

      dabei

      - **zyklische Photophosphorylierung** unabhängig vom Photosystem II
        - **$6\ ADP + 6\ P_i \rightarrow 6\ ATP$**
  - **Lichtabsorption durch Photosystem I** (P_{700})

    durch

    - **Carotine** mit Antennenfunktion
    - **Chlorophyll b** mit Antennenfunktion
    - **Chlorophyll a-700** Reaktionszentrum

      wird zu

      - **Elektronendonator**
  - **$NADP^+$-Reduktion** durch Elektronenpaarübergang aus Photosystem I und 2 H^+-Ionen aus Photolyse
    - **$12\ NADP^+ + 24\ e^- + 24\ H^+ \rightarrow 12\ NADPH + 12\ H^+$**

apparente Photosynthese (apparente CO_2-Aufnahme, Netto-Photosyntheseleistung) reelle Photosynthese abzüglich CO_2-Verlust durch Atmung
reelle Photosynthese Brutto-Photosyntheseleistung

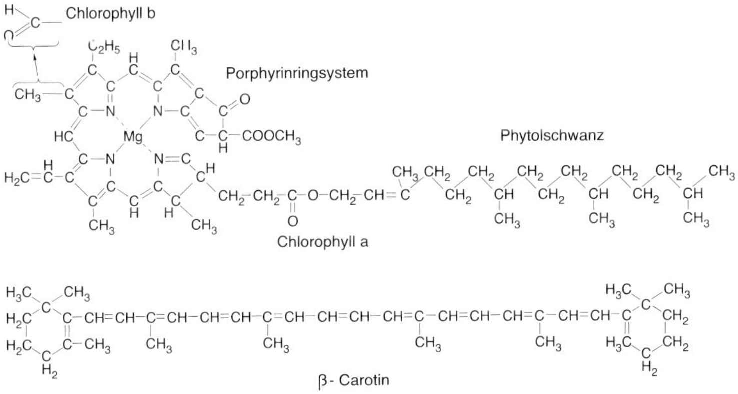

Chlorophyll und β-Carotin

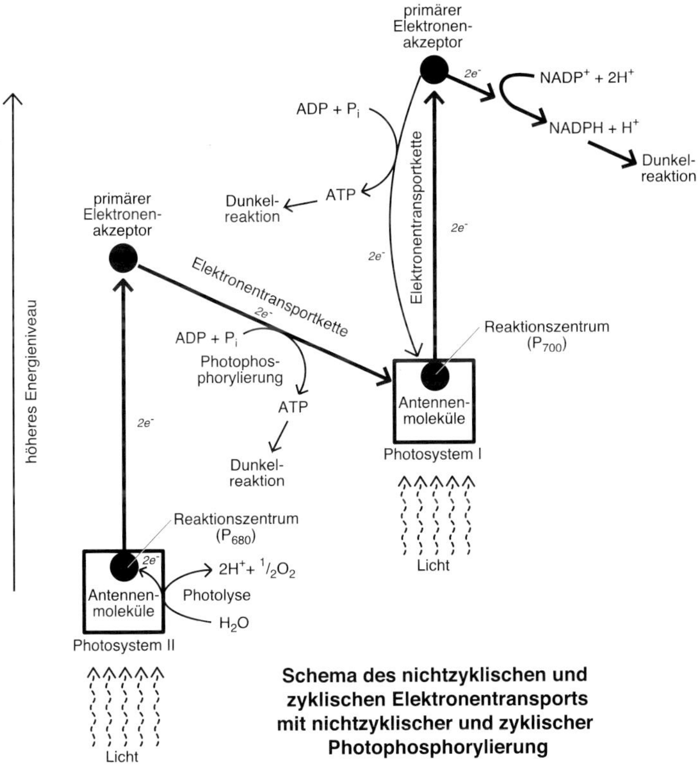

Schema des nichtzyklischen und zyklischen Elektronentransports mit nichtzyklischer und zyklischer Photophosphorylierung

Photosynthese photoautotropher Pflanzen [Fortsetzung]

- **Dunkelprozess** [Fortsetzung]

  man unterscheidet

  - **CO_2-Fixierung bei C_4-Pflanzen** durch räumliche Trennung der CO_2-Fixierungswege

    in

    - **Mesophyllzellen** umgeben Bündelscheidenzellen
    - **Bündelscheidenzellen** umgeben Leitbündel

    Vorgänge in Mesophyllzellen

    - **primärer CO_2-Einbau**
      - **Phosphoenolbrenztraubensäure (C_3) + CO_2 → Oxalessigsäure (C_4) + P_i**
    - **Reduktion**
      - **Oxalessigsäure (C_4) + NADPH + H^+**

        reagieren zu

        - **$NADP^+$**
        - **Äpfelsäure (C_4)**

          Transport in

          - **Bündelscheidenzellen**

    Vorgänge in Bündelscheidenzellen

    - **Decarboxylierung**
      - **Äpfelsäure(C_4) + $NADP^+$ → Brenztraubensäure (C_3) + CO_2 + NADPH + H^+**
    - **CO_2-Fixierung** an Ribulosebisphosphat (C_5) im Calvinzyklus

  - **CO_2-Fixierung bei CAM-Pflanzen** (Sukkulenten) durch zeitliche Trennung der CO_2-Fixierungswege im Cytoplasma; diurnaler Säurerhythmus
    - **Reaktionen in der Nacht** bei geöffneten Stomata
      - **CO_2-Fixierung**
        - **Phosphoenolbrenztraubensäure (C_3) + CO_2 → Oxalessigsäure (C_4) + P_i**
      - **Reduktion**
        - **Oxalessigsäure (C_4) + NADH + H^+ → Äpfelsäure (C_4) + NAD^+**
      - **Speicherung der Äpfelsäure (C_4)** in Vakuolen
    - **Reaktionen am Tag** bei geschlossenen Stomata
      - **CO_2-Abspaltung**
        - **Äpfelsäure (C_4) + $NADP^+$ → Brenztraubensäure (C_3) + CO_2 + NADPH + H^+**
      - **CO_2-Fixierung** an Ribulosebisphosphat (C_5) im Calvinzyklus

C_4-Pflanzen haben Dicarbonsäuren mit 4 C-Atomen als primäre Produkte der CO_2-Fixierung; z.B. Zuckerrohr ist eine C_4-Pflanze

CAM-Pflanzen (engl. Crassulacean Acid Metabolism) zeigen eine Variante des C_4-Dicarbonsäureweges, den diurnalen Säurerhythmus

Sukkulenten wasserspeichernde Pflanzen der Trockengebiete

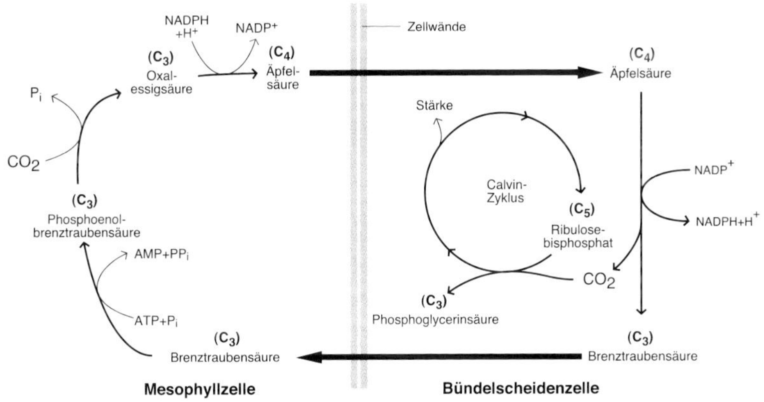

CO_2-Fixierung bei C_4-Pflanzen

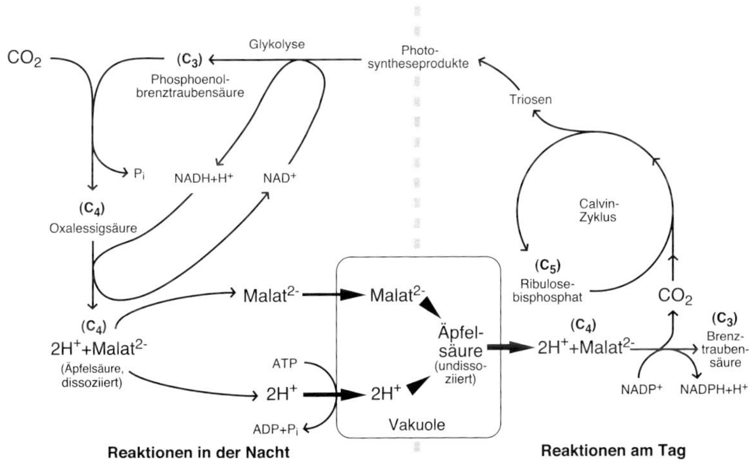

CO_2-Fixierung bei CAM-Pflanzen

Zellatmung vollständiger oxidativer (aerober) Stoffabbau

- **Glucoseabbau $C_6H_{12}O_6$ + 6 O_2 → 6 CO_2 + 6 H_2O** Δ G°' ca. - 2872 kJ/mol
  - **Glykolyse** Reaktionskette im Cytoplasma; aerober und anaerober Verlauf möglich

    Gesamtbilanz
    - **$C_6H_{12}O_6$ + 2 NAD^+ + 2 ADP + 2 P_i → 2 $C_3H_4O_3$ + 2 NADH + 2 H^+ + 2 ATP**

    Reaktionen
    - **Phosphorylierung**
      - **Glucose (C_6) + ATP → Glucosephosphat (C_6) + ADP + H^+**
    - **Isomerisierung**
      - **Glucosephosphat (C_6) → Fructosephosphat (C_6)**
    - **Phosphorylierung**
      - **Fructosephosphat (C_6) + ATP → Fructosebisphosphat (C_6) + ADP + H^+**
    - **Aldolspaltung**
      - **Fructosebisphosphat (C_6) → Dihydroxyacetonphosphat (C_3) + Glycerinaldehyd-phosphat (C_3)**
    - **Phosphorylierung und Oxidation**
      - **Glycerinaldehydphosphat (C_3) + P_i + NAD^+ → Bisphosphoglycerinsäure (C_3) + NADH + H^+**
    - **Substratkettenphosphorylierung**
      - **Bisphosphoglycerinsäure (C_3) + ADP + H^+ → Phosphoglycerinsäure (C_3) + ATP**
    - **Dehydratisierung**
      - **Phosphoglycerinsäure (C_3) → Phosphoenolbrenztraubensäure (C_3) + H_2O**
    - **Substratkettenphosphorylierung**
      - **Phosphoenolbrenztraubensäure (C_3) + ADP + H^+ → Brenztraubensäure (C_3) + ATP**
  - **oxidative Decarboxylierung** Abspaltung von CO_2 aus Brenztraubensäure (BTS) in den Mitochondrien
    - **BTS + CoA + NAD^+ → Acetyl-CoA + NADH + H^++ CO_2**

Dissimilation (Stoffabbau) Abbau organischer Substanzen unter Nutzbarmachung ihrer chemischen Energie in exergonischen Reaktionen bei allen Organismen
Aldol Abkürzung für Aldehydalkohol (Hydroxyaldehyd)
Substratkettenphosphorylierung Form der ATP-Bildung
Acetyl-CoA wird auch aktivierte Essigsäure genannt

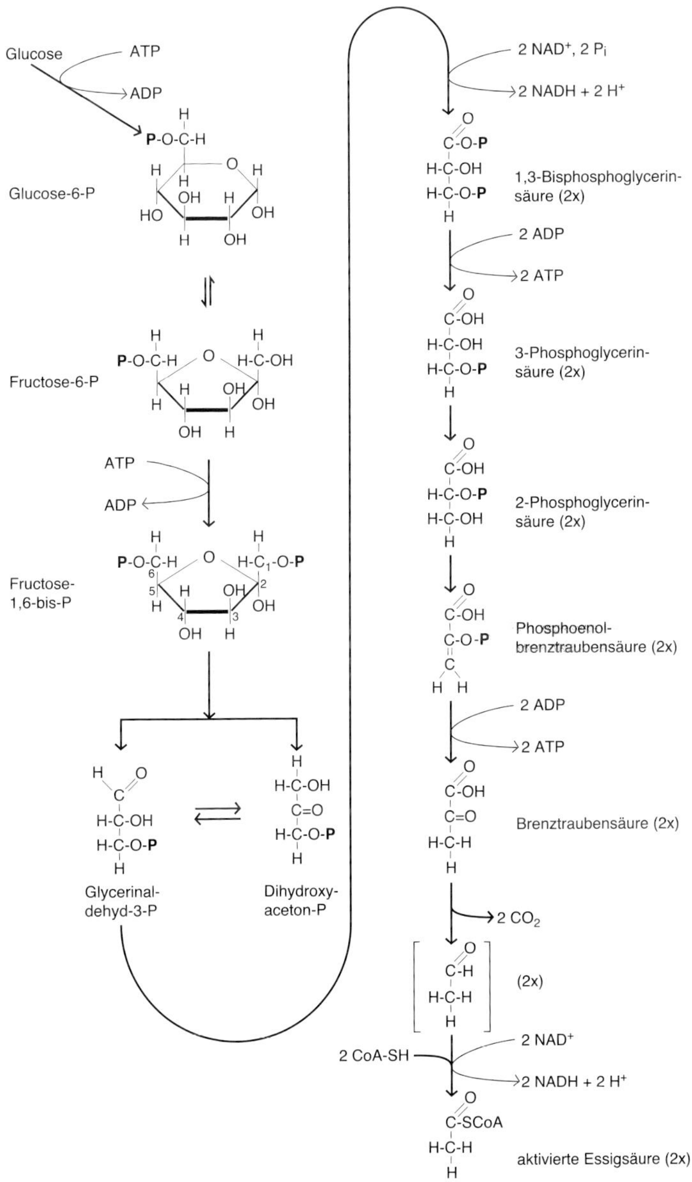

Glykolyse und oxidative Decarboxylierung

Zellatmung [Fortsetzung]

- **Glucoseabbau** [Fortsetzung]
  - **Atmungskette** Sequenz von Redoxsystemen für die Oxidation des Wasserstoffs in der inneren Mitochondrienmembran

    besteht aus
    - **Multienzymkomplexen** Oxidoreduktasen

    Bedeutung
    - **Transport von Wasserstoffatomen** am Anfang der Atmungskette
    - **Transport von Elektronen** nach Trennung von Protonen und Elektronen
    - **schrittweiser Energiegewinn**

      durch
      - **oxidative Phosphorylierung** (Atmungskettenphosphorylierung) Phosphorylierung durch Elektronentransport

        nach der
        - **chemiosmotischen Hypothese** von Mitchell

          fordert
          - **elektronenangetriebenen Protonentransport** über Membranen
          - **elektrochemisches Protonenpotential**
          - **ATP-Bildung durch Energie des Protonengradienten**

        liefert
        - **3 mol ATP pro 1 mol NADH/H^+**
        - **2 mol ATP pro 1 mol $FADH_2$**

Überblick über die ATP-Ausbeute

Reaktionsbereich	Reduktions-äquivalente	ATP-Ausbeute direkt bzw. bei der Endoxidation
Glykolyse	2 NADH + 2 H^+	4 ATP 2 ATP (direkt)
oxidative Decarboxylierung der Brenztraubensäure	2 NADH + 2 H^+	6 ATP
Citronensäurezyklus	2 NADH + 2 H^+ 2 NADH + 2 H^+ 2 NADH + 2 H^+ 2 $FADH_2$	6 ATP 6 ATP 6 ATP 4 ATP 2 ATP (direkt)
		36 ATP

respiratorischer Quotient (RQ) das Verhältnis von abgegebenem CO_2 und aufgenommenem O_2; bei reiner Kohlenhydratnahrung RQ = 1, da soviel CO_2 gebildet wie O_2 verbraucht wird; bei Fett- und Proteinumsatz RQ < 1, da mehr O_2 verbraucht als CO_2 gebildet wird

Lipide Fette und fettähnliche Stoffe

Merkmale

- **hydrophob** unlöslich in Wasser
- **großer Anteil an Kohlenstoff-Wasserstoffbindungen**

Bedeutung

- **Bausteine von Membranen**
- **Energiereserven in Form von Depotfett**
  durchschnittlicher Energiegewinn
  - **39 kJ/g** 16 kJ/g bei Kohlenhydraten

Klassifikation

- **Neutralfette** (Triglyceride) Fettsäureester des Glycerins; unpolare Lipide (neutrale Lipide)
  aufgebaut aus
  - **Glycerin** dreiwertiger Alkohol
    Biosynthese aus
    - **Dihydroxyacetonphosphat** der Glykolyse
  - **Fettsäuren** Carbonsäuren der Fette; Kettenmoleküle
    Biosynthese aus
    - **Acetyl-CoA** der oxidativen Decarboxylierung

    man unterscheidet
    - **gesättigte Fettsäuren** ohne Doppelbindungen
      z.B.
      - **Palmitinsäure (C_{16})**
      - **Stearinsäure (C_{18})**
    - **ungesättigte Fettsäuren** mit Doppelbindungen
      z.B.
      - **Ölsäure (C_{18})** mit einer Doppelbindung
      - **Linolsäure (C_{18})** mit zwei Doppelbindungen
      - **Linolensäure (C_{18})** mit drei Doppelbindungen
- **Phospholipide** (Phosphatide) Bausteine der Biomembranen; bilden Doppelschichten durch hydrophoben und hydrophilen Molekülteil; polare Lipide
  - **Phosphoglyceride** (Glycerinphosphatide)
    z.B.
    - **Lecithin**
  - **Sphingolipide** Aminoalkohol Sphingosin ersetzt Glycerin; mit einer Fettsäure, einem Phosphatrest und einer stickstoffhaltigen Base oder Kohlenhydratrest
    z.B.
    - **Sphingomyelin** in der Myelinscheide von Neuriten
- **Glykolipide** zuckerhaltige Lipide; Bausteine von Biomembranen; bilden Doppelschichten durch hydrophoben und hydrophilen Molekülteil
- **Wachse** Ester aus Fettsäuren und langkettigen bzw. zyklischen Alkoholen; unpolare Lipide

Lipoide fettähnliche Substanzen, z.B. Phospholipide, Sphingolipide, Glykolipide, Steroide und Carotinoide

Neutralfette chemisch auch bezeichnet als Triacylglycerine und Triacylglycerole

essenzielle Fettsäuren mehrfach ungesättigte Fettsäuren, die mit der Nahrung zugeführt werden müssen, z.B. Linol- und Linolensäure

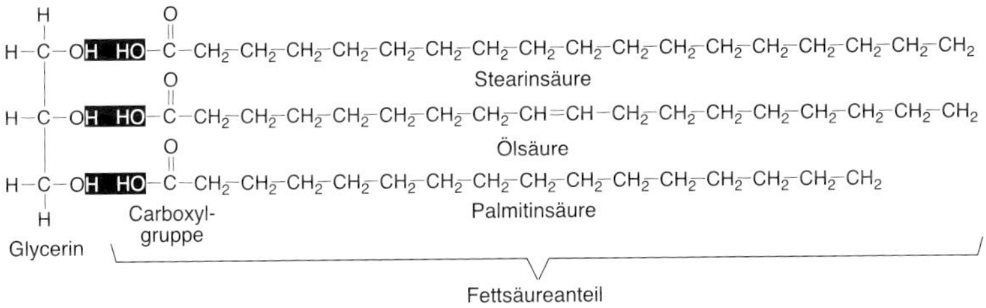

Ein Fett-Molekül besteht aus 3 Molekülen Fettsäure, die mit dem dreiwertigen Alkohol Glycerin verestert sind. Die Bindungen zwischen Glycerin und den Fettsäuren entstehen formal durch Wasserabspaltung

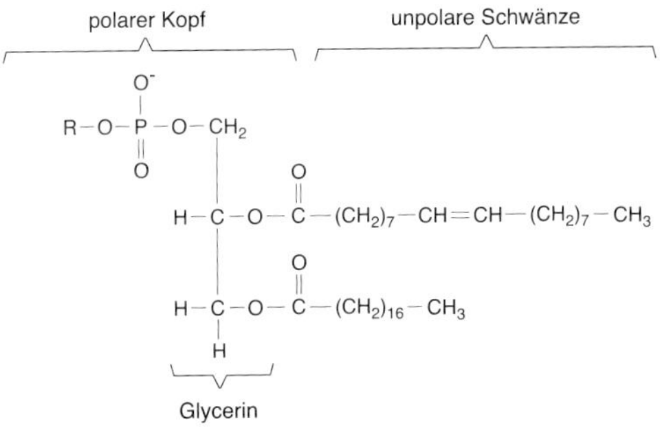

Phospholipid (Glycerinphosphatid)

3. NEURONALE INFORMATIONSVERARBEITUNG

Neuronen (Nervenzellen) Bausteine der Nervensysteme; Einheiten der Informationsaufnahme, -speicherung und -weitergabe

Kennzeichen

- **Verlust der Teilungsfähigkeit** nach der Embryonalentwicklung

Bau

- **Dendriten** kurze, stark verzweigte Zellfortsätze

  Funktion

  - **Informationsaufnahme**
  - **Erregungsleitung** an den Zellkörper
- **Zellkörper** (Perikaryon, Soma)

  Funktion

  - **Informationsverarbeitung**
- **Axon** (Neurit) langer Zellfortsatz

  mit

  - **Axonhügel** Impulsentstehungsregion
  - **Verzweigungsregion** am Axonende

    mit

    - **Endknöpfchen** verdickte Axonendigungen

      Teil der

      - **Synapsen**

  Funktion

  - **Erregungsleitung** zu Endknöpfchen

    durch

    - **Aktionspotentiale** (Nervenimpulse)

  man unterscheidet

  - **markhaltige Axonen** bei Wirbeltieren

    Kennzeichen

    - **Markscheide** (Myelinscheide) Membrankomplex abwechselnder Protein- und Lipidlagen mit hohem elektrischen Widerstand

      gebildet von

      - **Gliazellen** Bindegewebsbausteine der Nervensysteme

        Kennzeichen

        - **teilungsfähig**

        z.B.

        - **Schwann-Zellen** im peripheren Nervensystem

        Funktion

        - **mechanische Stabilisierung** der Neuronen
        - **Ernährung** der Neuronen
        - **Isolierung** der Neuronen gegeneinander
    - **Ranviersche Schnürringe** Unterbrechungen der Markscheide; Kontaktstellen des Axons zum Außenmedium
  - **marklose Axonen** bei Wirbellosen und Wirbeltieren

Nervenfaser Axon mit Hüllschicht aus Gliazellen
Nerv Nervenfaserbündel
Kollateralen seitliche Äste von Axonen

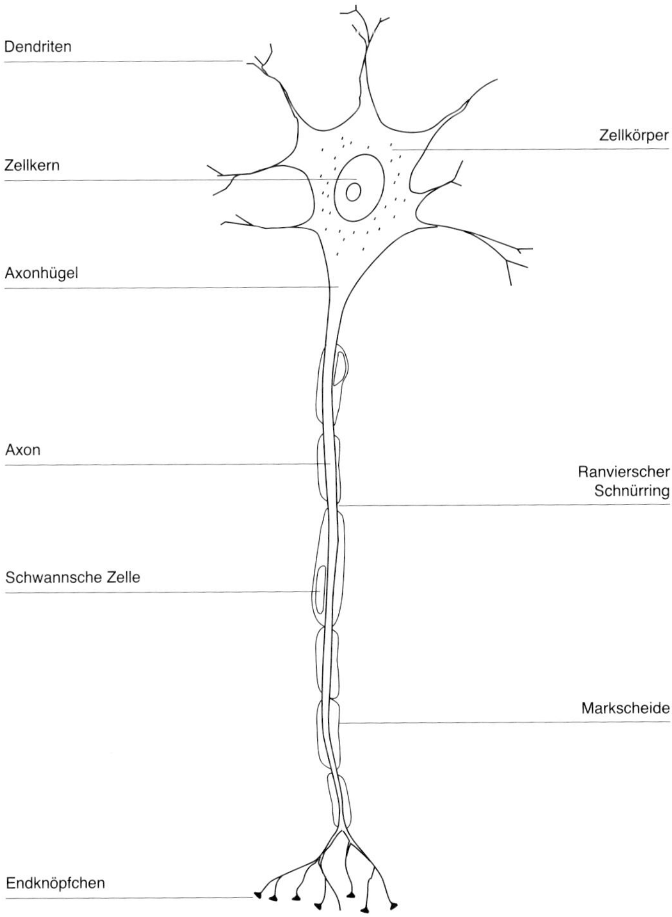

Neuron

Klassifikation der Neuronen

nach der Form

- **bipolare Neuronen**
- **pseudounipolare Neuronen**
- **multipolare Neuronen**

nach der Funktion

- **sensorische Neuronen** (Rezeptoren, Sinneszellen)
  Funktion
  - **sensoneurale Informationsübertragung** Umwandlung von Reizen in elektrische Signale
- **motorische Neuronen** (Motoneuronen)
  Funktion
  - **neuromotorische Informationsübertragung** Informationsübertragung an Muskelzellen
- **Interneuronen** Mehrheit aller Nervenzellen
  Funktion
  - **interneuronale Informationsübertragung** Informationsübertragung zwischen Nervenzellen

Ruhepotential des Neurons elektrisches Potential (Spannung) zwischen der Innenseite der Plasmamembran und der Zelloberfläche

Ursachen

- **unterschiedliche Ionenkonzentrationen**
  innerhalb der Zelle
  - **hohe K^+-Konzentration**
  - **hohe Konzentration von Protein-Anionen**
  - **niedrige Na^+-Konzentration**
  - **niedrige Cl^--Konzentration**
  außerhalb der Zelle
  - **hohe Na^+-Konzentration**
  - **hohe Cl^--Konzentration**
  - **niedrige K^+-Konzentration**
- **unterschiedliche Membranpermeabilitäten**
  - **gute für K^+-Ionen**
  - **schlechte für Na^+-Ionen**
  - **keine für Protein-Anionen**
- **Na^+/K^+-Pumpe** baut Konzentrationsgradienten auf

Höhe

- **- 50 bis - 90 mV** bei Tieren

Na^+/K^+-Pumpe Trägermolekül (Carrier) koppelt die Aufnahme von 2 K^+-Ionen ins Zellinnere mit der Abgabe von 3 Na^+-Ionen nach außen unter ATP-Verbrauch

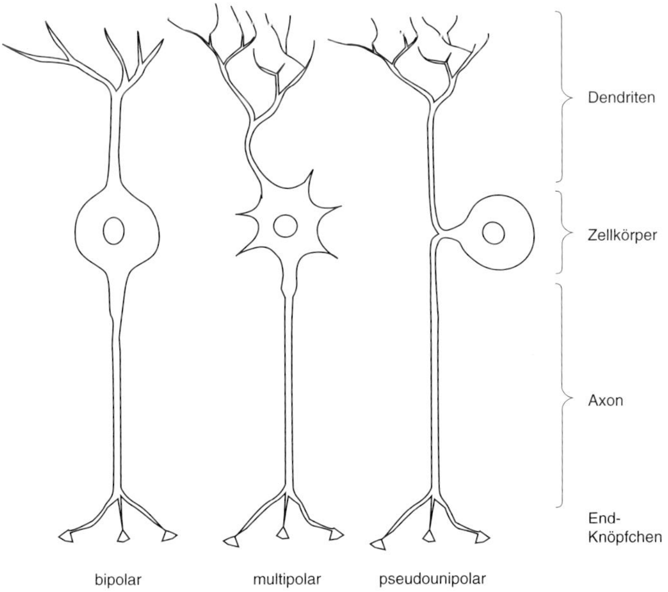

Klassifikation der Neuronen

Aktionspotential des Neurons (Nervenimpuls) kurzfristige Depolarisation und Repolarisation der Membran

Phasen

- **Depolarisation** Erniedrigung des Ruhepotentials bis zum Schwellenwert
  durch
  - **postsynaptische Potentiale** in Synapsen
  - **Rezeptorpotentiale** in Sinneszellen
- **weitere Depolarisation** selbstverstärkender Vorgang
  durch
  - **Öffnen der spannungsabhängigen Na^+-Kanäle**
    führt zu
    - **Na^+-Einstrom**
      nach dem
      - **Alles-oder-Nichts-Prinzip**
  bis zu
  - **+30 bis +50 mV**
- **Repolarisation** Wiederaufbau des Ruhepotentials
  durch
  - **Schließen der spannungsabhängigen Na^+-Kanäle**
  - **Öffnen der spannungsabhängigen K^+-Kanäle**
    führt zu
    - **K^+-Ausstrom**

Erregungsleitung im Axon Weiterleitung von Aktionspotentialen ohne Abschwächung

Prinzip

- **Ausbreitung** lokaler Ionenströme; Strömchentheorie
  bewirkt
  - **Depolarisation** benachbarter Membranbereiche
    führt zu
    - **Bildung von Aktionspotentialen**
      danach
      - **Refraktärphase** Nichterregbarkeit der Membran

man unterscheidet

- **saltatorische Erregungsleitung** sprunghaft, schnell
  bei
  - **markhaltigen Axonen**
  Prinzip
  - **Aktionspotentialbildung** an Ranvierschen Schnürringen
- **kontinuierliche Erregungsleitung** langsam
  bei
  - **marklosen Axonen**
  Prinzip
  - **Aktionspotentialbildung** über gesamter Axonmembran

monophasisches Aktionspotential entsteht, wenn eine von zwei Elektroden in den Nerv (die Nervenfaser) eingestochen wird und deren Potentialbeitrag durch lokale Verletzung entfällt

biphasisches Aktionspotential erhält man durch Anlegen zweier Elektroden an den intakten Nerven (Nervenfaser)

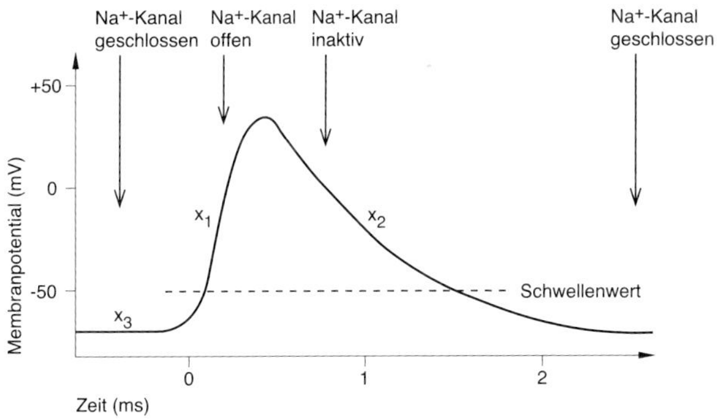

zeitlicher Ablauf eines Aktionspotentials

x_1 Depolarisation x_2 Repolarisation x_3 Ruhepotential

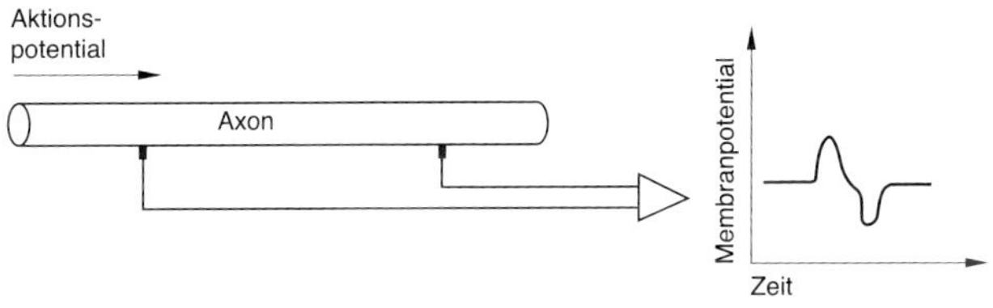

Ableitung eines biphasischen Aktionspotentials

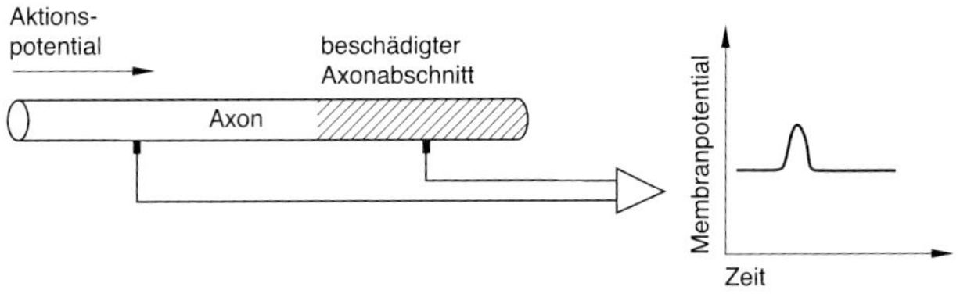

Ableitung eines monophasischen Aktionspotentials

Synapsen Kontaktstellen von Nervenzellen zu Nerven-, Muskel- oder Drüsenzellen

Funktion

- **Erregungsübertragung**

man unterscheidet

- **elektrische Synapsen** übertragen elektrische Signale durch Stromfluss besonders schnell
  - **gap junctions** cytoplasmatische Verbindungen zwischen den Nervenzellen
- **chemische Synapsen** wandeln elektrische Signale in chemische um

  Bau

  - **präsynaptischer Teil**
    - **synaptische Vesikel**

      enthalten

      - **Neurotransmitter** (Transmitter)
    - **präsynaptische Membran**
  - **synaptischer Spalt**
  - **postsynaptischer Teil**
    - **postsynaptische Membran**
    - **subsynaptische Membran** gegenüber präsynaptischer Membran

      enthält

      - **Rezeptoren** spezifische Eiweißkörper, z.B. transmittergesteuerte Ionenkanäle

  Vorgänge in chemischer Synapse

  - **Depolarisation** der präsynaptischen Membran durch Aktionspotentiale
  - **Aktivierung** spannungsabhängiger Ca^{2+}-Kanäle in der präsynaptischen Membran
  - **Erhöhung** intrazellulärer Ca^{2+}-Ionenkonzentration
  - **Verschmelzen** der Vesikel mit präsynaptischer Membran
  - **Neurotransmitterfreisetzung** in synaptischen Spalt
  - **Diffusion** des Neurotransmitters
  - **Neurotransmitterbindung** an Rezeptoren der subsynaptischen Membran
  - **Konformationsänderung** der Rezeptoren
  - **Ionenpermeabilitätsänderung** der sub- bzw. postsynaptischen Membran
  - **Depolarisation** der sub- bzw. postsynaptischen Membran
  - **Bildung postsynaptischer Potentiale**
  - **enzymatischer Abbau bzw. Resorption des Transmitters**

Übersicht über Neurotransmitter bei Wirbeltieren
VNS vegetatives Nervensystem; ZNS Zentralnervensystem

Substanz	Vorkommen
Acetylcholin	neuromuskuläre Synapsen; VNS (Parasympathikus); ZNS
Noradrenalin	ZNS und VNS
Dopamin	ZNS und VNS
Adrenalin	ZNS und VNS
Serotonin	ZNS
Glutaminsäure	erregende Synapsen im ZNS
γ-Aminobuttersäure	hemmende Synapsen im ZNS
Glycin	hemmende Synapsen im ZNS

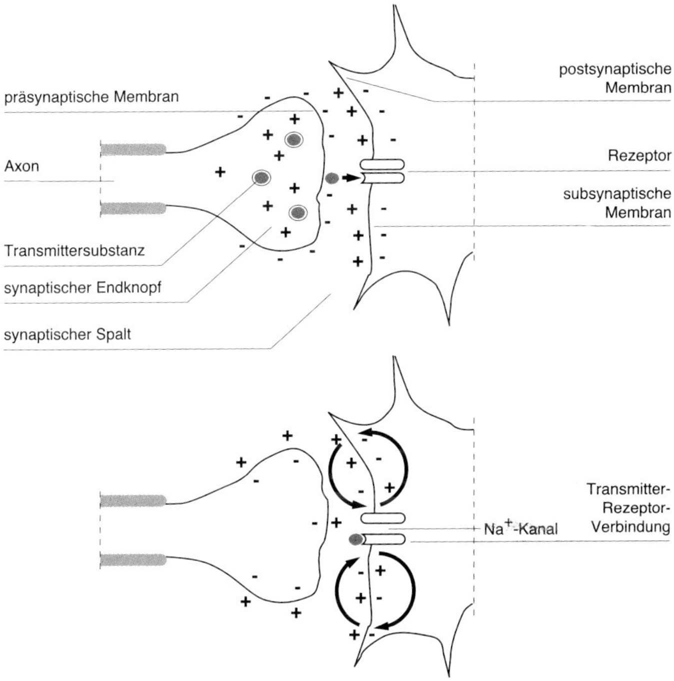

Erregungsübertragung an einer chemischen Synapse

Synapsen [Fortsetzung]

Unterscheidung nach der Lage

- **interneuronale Synapsen** Synapsen zwischen Nervenzellen
  - **axodendritische Synapse** zwischen Axon und Dendrit
  - **axosomatische Synapse** zwischen Axon und Soma
  - **axoaxonale Synapse** zwischen zwei Axonen
- **neuromuskuläre Synapsen** (motorische Endplatten) Synapsen zwischen Nerven- und Muskelzellen bzw. -fasern

Unterscheidung nach der Funktion

- **exzitatorische Synapsen** erregende Synapsen

  Kennzeichen
  - **Depolarisation** der postsynaptischen Membran

    ausgelöst durch
    - **Öffnen der transmittergesteuerten Ionenkanäle** für Na^+- und K^+-Ionen
- **inhibitorische Synapsen** hemmende Synapsen

  ermöglichen
  - **postsynaptische Hemmung** wirkt über Synapse direkt auf nachgeschaltete Zelle

    Kennzeichen
    - **Hyperpolarisation** der postsynaptischen Membran; Erhöhung des Ruhepotentials durch Öffnen von Cl^-- oder K^+-Kanälen
  - **präsynaptische Hemmung** hemmende Synapsen an erregende angeschlossen

    Kennzeichen
    - **Verminderung der Transmitterausschüttung** aus dem erregenden Endknöpfchen

postsynaptische Potentiale (PSP)

Kennzeichen

- **lokal** auf den Bildungsort beschränkt
- **graduiert** in der Amplitude variabel
- **elektrotonisch** sich mit Abschwächung ausbreitend

man unterscheidet

- **erregende postsynaptische Potentiale** (EPSP) gebildet von erregenden Synapsen
- **inhibitorische postsynaptische Potentiale** (IPSP) gebildet von hemmenden Synapsen

fähig zur

- **räumlichen Summation** Addition von PSP mehrerer Synapsen
- **zeitlichen Summation** Addition von PSP kurz hintereinander an derselben Synapse

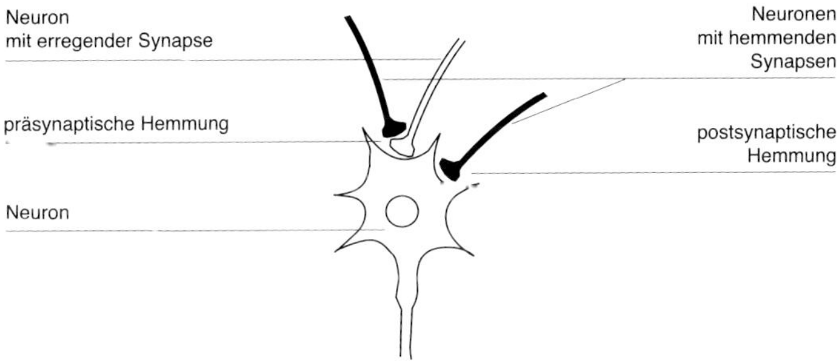

Neuronenverschaltung bei prä- und postsynaptischer Hemmung

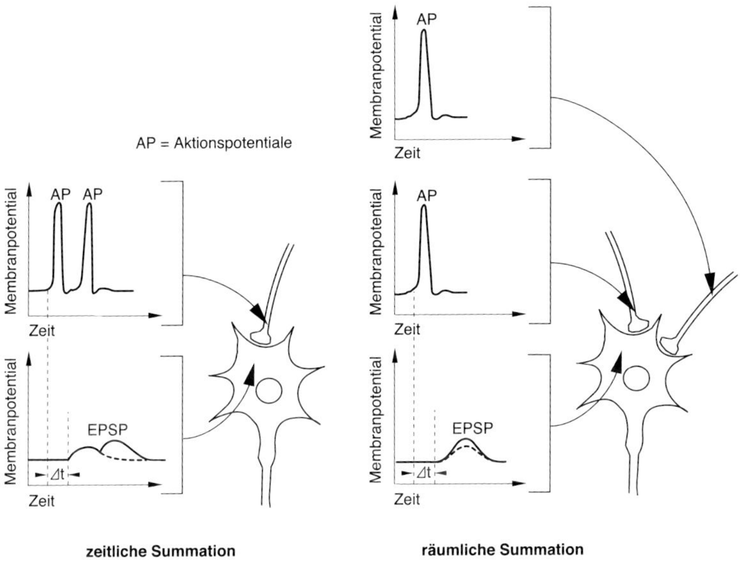

Veranschaulichung der zeitlichen und räumlichen Summation

Synapsengifte stören die Erregungsübertragung

Wirkungsweisen

- **Blockierung der Transmitterrezeptormoleküle** in der subsynaptischen Membran

  z.B. durch

  - **Curare** Pfeilgift
  - **Atropin** Gift der Tollkirsche
- **Nachahmung von Transmittern**

  z.B. durch

  - **LSD** synthetische Droge; ähnelt Serotonin
  - **Mescalin** Gift des Peyotlkaktus; ähnelt Dopamin
- **Beeinflussung transmitterspaltender Enzyme** führt zu Anreicherung der Transmitter

  z.B. durch

  - **Phosphorsäureester**

    z.B.

    - **Insektizide** z.B. E605
- **Hemmung der Transmitterausschüttung**

  z.B. durch

  - **Botulinusgift** des Bakteriums Clostridium botulinum
  - **Tetanusgift** des Bakteriums Clostridium tetani
- **präsynaptische Hemmung** durch Blockierung der Enkephalinrezeptormoleküle in Neuronen des ZNS

  durch

  - **Opiate** Gifte des Schlafmohns; Suchtmittel
    - **Opium, Morphin und Heroin**

      wirken wie

    - **Enkephaline und Endorphine** (Gehirnmorphine, endogene Opiate) Neurohormone des ZNS; hemmen natürlicherweise die Schmerzempfindung, z.B. bei schweren Verletzungen, und bewirken eine positive Stimmungslage

Curare bewirkt Lähmung der gesamten Muskulatur; wird in kleinen Dosen als muskelentspannendes Mittel eingesetzt

LSD und Mescalin Halluzinogene; rufen Wahnvorstellungen hervor

Botulinusgift ist in verdorbenen Lebensmitteln enthalten; bewirkt Lähmungen

Tetanusgift verhindert die Transmitterfreisetzung in hemmenden Synapsen und bewirkt Starrkrampf der Muskulatur (Wundstarrkrampf)

Sucht (Abhängigkeit) Drang, sich immer höhere Dosen eines Suchtmittels (Droge; z.B. Alkohol, Heroin) zuzuführen, um eine gleichbleibende entspannende oder auch halluzinogene Wirkung zu erzielen; da Opiate die Endorphine ersetzen, führt Opiatentzug u.a. zu starken Schmerzen; im übertragenen Sinn auch zwanghafte Neigung zu exzessiven Handlungen, z.B. übermäßiges Essen, Glücksspiel, wahrscheinlich durch Erhöhung des Endorphinspiegels

Codierung der Information über die Amplitude der postsynaptischen Potentiale in Dendriten und Zellkörpern, die Konzentration der Transmitter in Synapsen, die Frequenz der Aktionspotentiale in Axonen

Nervensysteme aus Nervenzellen und Gliazellen aufgebaut

- **Nervennetz** einfachstes Nervensystem; bei Hohltieren
  Kennzeichen
  - **gleichmäßige Verteilung der Nervenzellen** in der Körperwand
- **Markstrang** z.B bei Plattwürmern
  Kennzeichen
  - **längsgerichtete Nervenstränge** mit Zellkörpern
- **Strickleiternervensystem** (Bauchmark) bei Gliedertieren
  Kennzeichen
  - **ventral** (bauchseits)
  - **paarige Ganglien** segmental angeordnet
  - **Gehirnbildung** Kopfganglien vergrößert
- **Nervensystem der Wirbeltiere**
  Kennzeichen
  - **dorsal** (rückenseits)
  Gliederung
  - **Zentralnervensystem** (ZNS)
    - **Gehirn**
      umgeben von
      - **Hirnhäuten** (Meninges)
        - **harte Hirnhaut**
        - **Spinnwebshaut**
        - **weiche Hirnhaut**
      - **Cerebrospinalflüssigkeit** zwischen Spinnwebs- und weicher Hirnhaut
      Gliederung
      - **Vorderhirn** (Endhirn, Telencephalon)
        bzw.
        - **Großhirn** (Cerebrum) bei Säugetieren
          besteht aus
          - **zwei Hemisphären** (Gehirnhälften)
            verbunden durch
            - **Balken**
          - **Großhirnrinde** (Cortex)
            Kennzeichen
            - **starke Faltung**
            - **graue Substanz** mit Zellkörpern
          - **Mark**
            Kennzeichen
            - **weiße Substanz** mit Nervenfasern
          Funktion
          - **Willkürmotorik**
          - **Sprache** beim Menschen
          - **Gedächtnis und Lernleistungen**
          - **bewusste Sinneswahrnehmung**

Ganglien Ansammlungen von Nervenzellkörpern; Einzahl: Ganglion
Rindenfelder durch elektrische Reizung oder Ausfall nach Verletzung nachgewiesene Großhirnrindenbereiche mit bestimmten Funktionen, z.B. sensorische Felder, motorische Felder, Assoziationsfelder
Hemisphären zeigen Asymmetrie; durch Kreuzen der Nervenbahnen stärkere Entwicklung der linken Hemisphäre bei Rechtshändern, bei Linkshändern umgekehrt
Elektroenzephalogramm (EEG) von der Schädeldecke ableitbare Potentialschwankungen der Großhirnrindenneuronen; spiegelt den Aktivitätszustand des Großhirns wider mit charakteristischen Wellenformen im Wach-, Schlaf- und Dämmerzustand und bei Epilepsie
Epilepsie anfallsweise auftretende, unkontrollierte Überaktivität der Großhirnrindenneuronen mit Bewusstseinsverlust und Muskelkrämpfen
Ventrikel Hirnkammern; produzieren Cerebrospinalflüssigkeit
Prionen Proteine, die das Großhirn von Säugetieren zerstören und in ihrer nichtinfektiösen Form Bestandteil der Nervenzellmembran sind; treten bei der Traberkrankheit (Scrapie) der Schafe, dem "Rinderwahnsinn" BSE (Bovine Spongiforme Encephalopathie) und der Creutzfeld-Jacob-Krankheit des Menschen auf

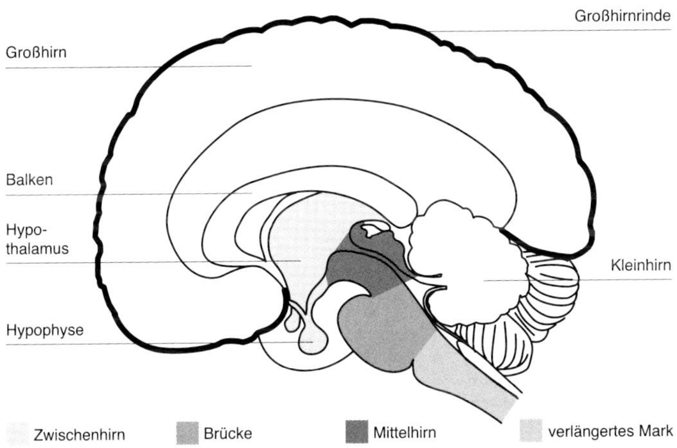

Schnitt durch das Gehirn

Nervensysteme [Fortsetzung]

- **Nervensystem der Wirbeltiere** [Fortsetzung]
  - **Zentralnervensystem** [Fortsetzung]
    - **Gehirn** [Fortsetzung]

      Gliederung
      - **Hirnstamm** (Stammhirn)
        - **Zwischenhirn** (Diencephalon)

          mit
          - **Thalamus**

            Funktion
            - **Schlaf-/ Wachzentrum**
            - **Steuerung der Aufmerksamkeit**
          - **Epiphyse** (Zirbeldrüse) Hormondrüse
          - **Hypophyse** (Hirnanhangdrüse) Hormondrüse
          - **Hypothalamus**

            Funktion
            - **Konstanthaltung**

              z.B. von
              - **Körpertemperatur**
              - **Ionenkonzentrationen**
              - **Blutzuckerspiegel**
            - **Steuerung**

              z.B. von
              - **Fress- und Sexualverhalten**
            - **Kontrolle** der Hypophyse
        - **Mittelhirn** (Mesencephalon)
        - **Hinterhirn** (Metencephalon)

          mit
          - **Kleinhirn** (Cerebellum)

            Funktion
            - **Bewegungskoordination**
        - **Nachhirn** (verlängertes Mark, Myelencephalon)

          Funktion
          - **Atmungssteuerung**
    - **Rückenmark** in der Wirbelsäule

      umgeben von
      - **Häuten** wie beim Gehirn
      - **Cerebrospinalflüssigkeit**

      Bau
      - **graue Substanz** zentral; mit Zellkörpern
      - **weiße Substanz** peripher; mit Nervenfasern

        bildet
        - **Spinalnerven** paarig angeordnet

          mit
          - **hinterer Wurzel** afferent
          - **vorderer Wurzel** efferent

Pyramidenbahn von Neuronen der Großhirnrinde ausgehende, nach Überkreuzung ins Rückenmark ziehende Nervenfasern; steuern die Feinmotorik

Hirnnerven zwölf dem Stammhirn zugeordnete Nerven; versorgen sensorisch und motorisch die Sinnesorgane und Muskeln der Kopfregion; der Vagusnerv (Parasympathikus) steuert vegetative Körperfunktionen

Gürtelrose Virusinfektion der hinteren Wurzeln der Spinalnerven mit schmerzhafter Bläschenbildung im betroffenen Hautgebiet

Kinderlähmung von Viren verursachte Erkrankung der motorischen Neuronen des Rückenmarks

Multiple Sklerose schubweise Zerstörung der Myelinscheiden von Axonen im Hirnstamm und Rückenmark; Ursache unbekannt

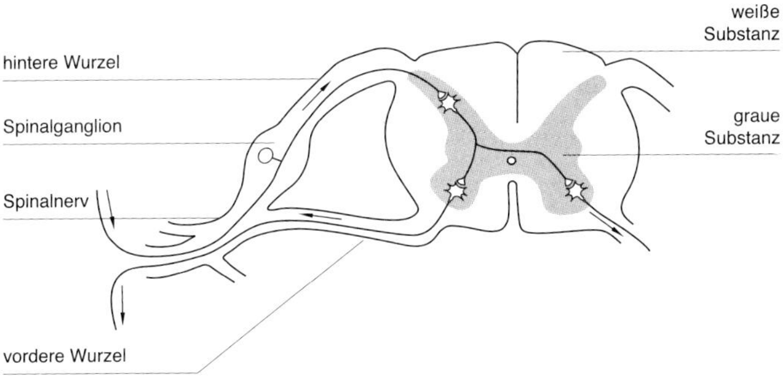

Rückenmark (quer)

Nervensysteme [Fortsetzung]

- **Nervensystem der Wirbeltiere** [Fortsetzung]
  - **peripheres Nervensystem**
    - **somatisches Nervensystem**
      - **sensorisches System**
        Funktion
        - **Reizaufnahme** über Rezeptoren
        - **Erregungsleitung** in das ZNS
          über
          - **afferente Nervenfasern**
      - **motorisches System**
        Funktion
        - **Erregungsleitung** vom ZNS zur Skelettmuskulatur
          über
          - **efferente Nervenfasern**
    - **vegetatives Nervensystem** (Eingeweidenervensystem)
      Funktion
      - **antagonistische Koordinierung** der Organfunktion
      Teilsysteme
      - **Sympathikus** (sympathisches System)
        Bestandteile
        - **präganglionäre Fasern**
          ausgehend von
          - **grauer Substanz** im Brust- und Lendenmark
          verlaufen zum
          - **Grenzstrang** Ganglienkette beiderseits der Wirbelsäule
        - **postganglionäre Fasern**
          verlaufen zu
          - **inneren Organen**
          Funktion z.B.
          - **Aktivierung** von Herz, Kreislauf
          - **Hemmung** der Verdauungsorgane
      - **Parasympathikus** (parasympathisches System, Vagus)
        Bestandteile
        - **präganglionäre Fasern**
          ausgehend von
          - **Hirnstamm**
          - **grauer Substanz** im Kreuzmark
          verlaufen zu
          - **Ganglien** nahe der inneren Organe
        - **postganglionäre Fasern**
          verlaufen zu
          - **inneren Organen**
          Funktion z.B.
          - **Senkung** der Herz-Kreislaufaktivität
          - **Aktivierung** der Verdauung

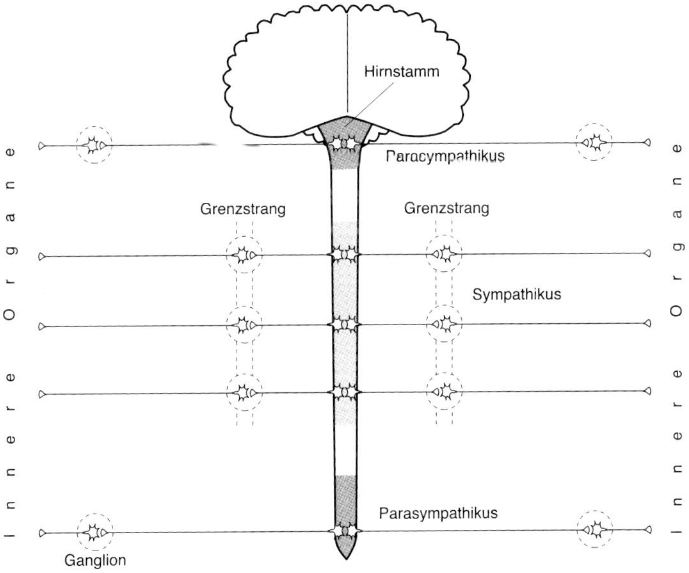

vegetatives Nervensystem

Sinneszellen (Rezeptoren, Rezeptorzellen, sensorische Neuronen)

Unterscheidung nach der Art des Reizes

- **Chemorezeptoren**
- **Mechanorezeptoren**
- **Photorezeptoren**
- **Thermorezeptoren**

Unterscheidung nach dem Bau

- **primäre Sinneszellen** spezialisierte Nervenzellen mit Sensorende, Soma und Axon
- **Sinnesnervenzellen** spezialisierte Nervenzellen mit freien Nervenendigungen als Rezeptoren, Soma in Spinal- oder Hirnganglien und Axon
- **sekundäre Sinneszellen** Epithelzellen, von Dendriten einer nachgeschalteten Nervenzelle umgeben

Reiz-Erregungs-Transformation (Transduktion) bei Sinneszellen

- **adäquater Reiz**

  führt zu

  - **Rezeptorpotential** (Generatorpotential)

    Eigenschaften

    - **proportional** zur Reizstärke
    - **elektrotonisch** sich mit Abschwächung ausbreitend

    führt zu

    - **Impulsfrequenzmodulation** im Axon primärer Sinneszellen
    - **modulierter Transmitterfreisetzung** aus der Rezeptorzelle bei sekundären Sinneszellen

      führt zu

      - **Impulsfrequenzmodulation** im nachgeschalteten Neuron

Adaptation Änderung der Empfindlichkeit von Rezeptoren bei gleichbleibender Reizstärke

bei

- **phasisch-tonischen Rezeptoren**

  Eigenschaften

  - **hohe Impulsfrequenz** zu Beginn des Reizes
  - **niedrigere, konstante Impulsfrequenz** danach
- **phasische Rezeptoren**

  Eigenschaften

  - **Impulsfrequenzabfall auf Null**
- **tonische Rezeptoren**

  Eigenschaften

  - **konstante Impulsfrequenz**

Exterozeptoren nehmen Umweltreize auf
Enterozeptoren (Propriozeptoren) nehmen Reize aus dem Organismus auf
primäre Sinneszellen z.B. Riechzellen der Wirbeltiere und die Mehrzahl der Sinneszellen von Wirbellosen
Sinnesnervenzellen z.B. Tastsinneszellen
sekundäre Sinneszellen z.B. Geschmackssinneszellen der Wirbeltiere, Rezeptorzellen im Innenohr

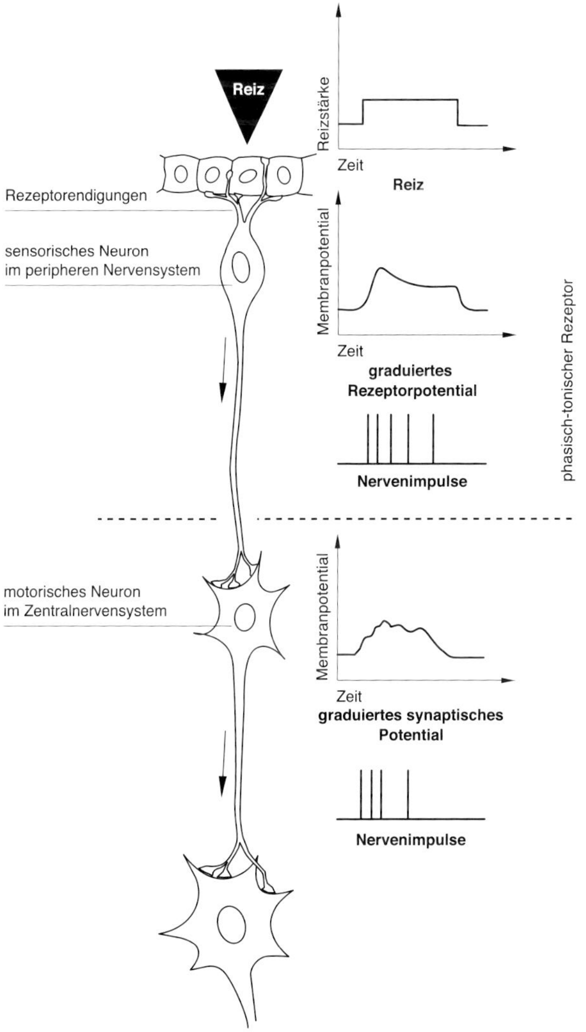

Reiz-Erregungs-Transformation

Auge des Menschen

- **Lederhaut** (Bindegewebshaut, weiße Augenhaut, Sklera)
  vorn übergehend in
  - **Hornhaut** (Cornea) durchsichtig
- **Aderhaut** (Chorioidea)
  geht über in
  - **Regenbogenhaut** (Iris)
    bedingt
    - **Augenfarbe**
    umschließt
    - **Pupille**
- **Pigmentepithel**
- **Netzhaut** (Retina)
  Bau
  - **Photorezeptoren** Lichtsinneszellen; lichtabgewandt
    man unterscheidet
    - **Stäbchen** ca. 100 Millionen
      ermöglichen
      - **Dämmerungssehen** ohne Farbunterscheidung
    - **Zapfen** ca. 3 Millionen
      ermöglichen
      - **Tageslichtsehen**
      - **Farbensehen**
      gehäuft im
      - **gelben Fleck** (Sehgrube) Stelle schärfsten Sehens
    Bau
    - **Außensegment** (Außenglied) zur Reiz-Erregungs-Umwandlung
      enthält
      - **Sehfarbstoffe**
        - **Rhodopsin** (Sehpurpur) bei Stäbchen
          Bestandteile
          - **Opsin** Protein
          - **Retinal** (11-cis-Retinal) lichtabsorbierendes Carotinoid
        - **rhodopsinverwandte Stoffe** bei Zapfen
          Bestandteile
          - **verschiedene Proteinanteile**
          - **Retinal**
      Bau
      - **Membraneinfaltungen** bei Zapfen und Stäbchen
      - **Discs** (Membranscheiben) bei Stäbchen
    - **Innensegment** (Innenglied)
      enthält
      - **Zellkern**
      - **synaptische Kontakte**

Augenlider zum Schutz der Hornhaut und vor zu starkem Lichteinfall

Bindehaut (Conjunctiva) Verbindung der Lederhaut mit den Lidern

Bindehautentzündung (Conjunctivitis) Entzündung der Bindehaut durch Bakterien oder Viren; äußert sich in Rötung, Fremdkörpergefühl, Tränen- und Eiterbildung

Tränendrüsen bohnengroße Drüsen seitlich oberhalb der Augen; produzieren Tränenflüssigkeit zum Reinigen und Feuchthalten der Hornhaut

Hell-Dunkel-Adaptation Anpassung an wechselnde Lichtverhältnisse durch Verengung der Pupille bzw. verstärkte Lichtrezeption durch Zapfen bei Licht bzw. Erweiterung der Pupille bzw. verstärkte Lichtrezeption durch Stäbchen bei Dunkelheit

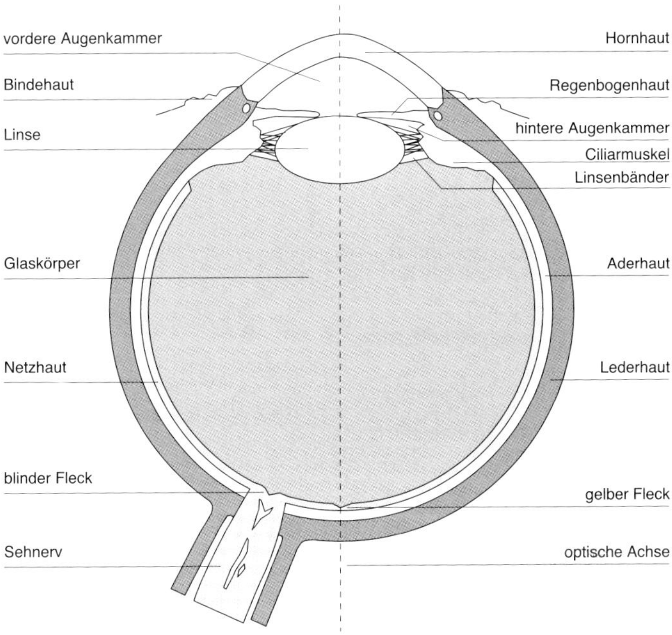

Schnitt durch das menschliche Auge

Auge des Menschen [Fortsetzung]

- **Netzhaut** [Fortsetzung]
  Bau
  - **Interneuronen** lichtzugewandt
    man unterscheidet
    - **bipolare Nervenzellen** verbinden Rezeptoren und große Ganglienzellen
    - **Horizontalzellen** bilden Querverbindungen zwischen den Rezeptoren
    - **amakrine Zellen** Querverbindungen zwischen den bipolaren Zellen bzw. den großen Ganglienzellen
  - **große Ganglienzellen**
    mit
    - **Sehnerv** lange Neuriten der großen Ganglienzellen
      führt zum
      - **blinden Fleck** Durchtrittsstelle des Sehnervs
- **Glaskörper** zwischen Linse und Retina; zur Formgebung
- **Linse**
  Funktionen
  - **Lichtbrechung**
  - **Akkomodation** ermöglicht scharfes Bild auf der Netzhaut
    durch
    - **Ciliarmuskelerschlaffung**
      führt zu
      - **Anspannung der Linsenbänder**
      - **Linsenabflachung** Ferneinstellung des Auges
    - **Ciliarmuskelkontraktion**
      führt zu
      - **Entspannung der Linsenbänder**
      - **Linsenwölbung** Naheinstellung des Auges
- **vordere und hintere Augenkammer** mit Kammerwasser

Photorezeption beim menschlichen Auge

- **achromatisches Sehen** Hell-Dunkel-Sehen
  Reaktionsfolge
  - **Photonenabsorption** durch Rhodopsin
  - **Isomerisierung** von 11-cis-Retinal in all-trans-Retinal
  - **Abnahme der Na^+-Leitfähigkeit** der Rezeptormembran
    Ursache
    - **Verschluss der Na^+-Kanäle** durch Umandlung von cGMP (zyklisches Guanosinmonophosphat) in GMP (Guanosinmonophosphat)
  - **hyperpolarisierendes Rezeptorpotential**
  - **Rhodopsinspaltung**

● Rhodopsinregeneration

Kurzsichtigkeit (Myopie) das Auge ist zu lang; der Strahlenschnittpunkt liegt vor der Retina; Korrektur mit Zerstreuungslinsen

Weitsichtigkeit (Hyperopie) das Auge ist zu kurz, so dass der Strahlenschnittpunkt hinter der Retina liegt; Korrektur durch Sammellinsen

Alterssichtigkeit (Presbyopie) Linse verliert an Elastizität und wird unfähig zur Nahakkomodation; Korrektur durch Sammellinsen

Sehbahn nach Überkreuzen der inneren Sehnervenhälften an der Unterseite des Zwischenhirns (Halbkreuzung ermöglicht koordinierte Augenbewegungen und räumliches Sehen) endet die Sehbahn im Kniehöcker des Thalamus; von dort Umschaltung auf das optische Zentrum der Großhirnrinde

Nachtblindheit durch Mangel an Vitamin A (Baustein des Retinals) hervorgerufene Regenerationsstörung des Rhodopsins bei Dunkelheit

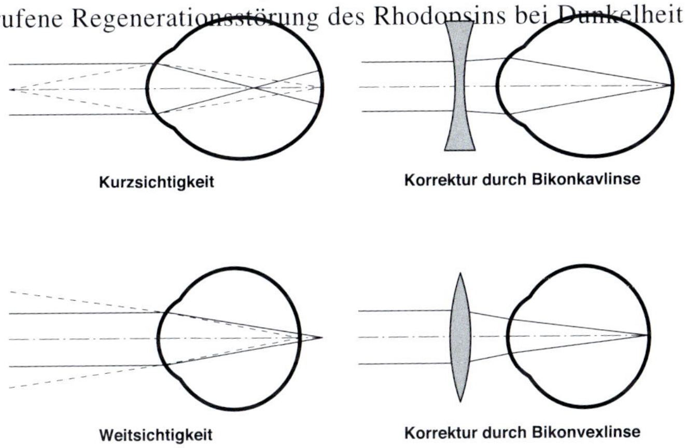

Kurz- und Weitsichtigkeit

Photorezeption beim menschlichen Auge [Fortsetzung]

- **Farbensehen**
  Theorien
  - **trichromatische Theorie** von Young und Helmholtz
    geht aus von
    - **3 Zapfentypen** mit entsprechenden Sehfarbstoffen
      - **blau absorbierend**
      - **grün absorbierend**
      - **gelb und rot absorbierend**

    belegt durch
    - **Absorptionsspektren** der Sehfarbstoffe
    - **Aktionsspektren** der Zapfen
  - **Gegenfarbentheorie** von Hering
    geht aus von
    - **Farbpaaren** Komplementärfarben
      - **rot-grün**
      - **blau-gelb**

    belegt durch
    - **Farbkontrastphänomene**
      - **Simultankontrast** graue Fläche in grünem Ring erscheint rot
      - **Sukzessivkontrast** rote Figur erscheint als grünes Nachbild auf weißer Fläche

    Deutung
    - **De- und Hyperpolarisationen** an Horizontal- bzw. Ganglienzellen; wellenlängenabhängig
- **rezeptives Feld** auf je eine Ganglienzelle geschaltete Gruppe von Lichtrezeptoren
  gegliedert in
  - **Zentrum**
    man unterscheidet
    - **on-Zentrum**
      zeigt bei Belichtung
      - **Depolarisation** der Ganglienzellen
    - **off-Zentrum**
      zeigt bei Belichtung
      - **Hyperpolarisation** der Ganglienzellen
  - **Peripherie**
    zeigt bei Belichtung
    - **antagonistische Reaktion** zum jeweiligen Zentrum

  Funktion
  - **Kontrastverstärkung** bei Hell-Dunkel-Übergängen

Farbuntüchtigkeit (Farbenblindheit) Farbunterscheidungsschwäche für rot-grün (häufigste Form) oder blau-gelb; wird X-chromosomal vererbt, daher sind v.a. Männer betroffen

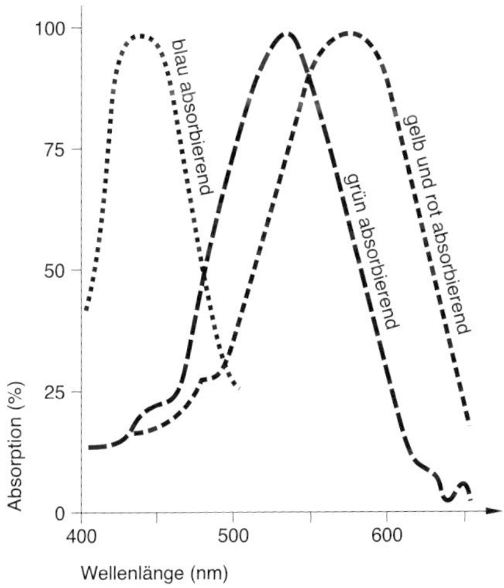

Farbempfindlichkeitskurven der Zapfentypen

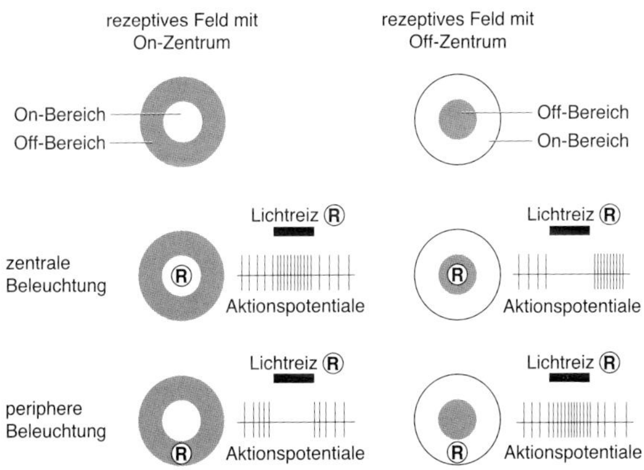

Aktionspotentiale der Ganglienzellen nach Reizung (Ⓡ) ihres rezeptiven Feldes durch Licht

Komplexauge (Facettenauge)

bei

- **Insekten und Krebsen**

zusammengesetzt aus

- **Ommatidien** (Einzelaugen)

  Bau

  - **lichtbrechender Apparat**
    - **Cornea** (Linse)
    - **Kristallkegel**
  - **Lichtsinneszellen** (Retinulazellen) meist acht

    Bau

    - **Rhabdomere** lichtaufnehmende Membranstrukturen an der Innenseite der Lichtsinneszellen

      meist verschmolzen zu

      - **Rhabdom** zentraler lichtempfindlicher Stab

man unterscheidet

- **Appositionsauge**

  Kennzeichen

  - **vollständige Abschirmung der Ommatidien** durch Pigmentzellen
  - **große Bildschärfe**
  - **geringe Lichtempfindlichkeit**

  bei

  - **Taginsekten** z.B. Honigbiene
- **Superpositionsauge**

  Kennzeichen

  - **unvollständige Abschirmung der Ommatidien** durch Pigmentzellen
  - **geringe Bildschärfe**
  - **hohe Lichtempfindlichkeit**

  bei

  - **Nachtinsekten** z.B. Nachtschmetterlinge

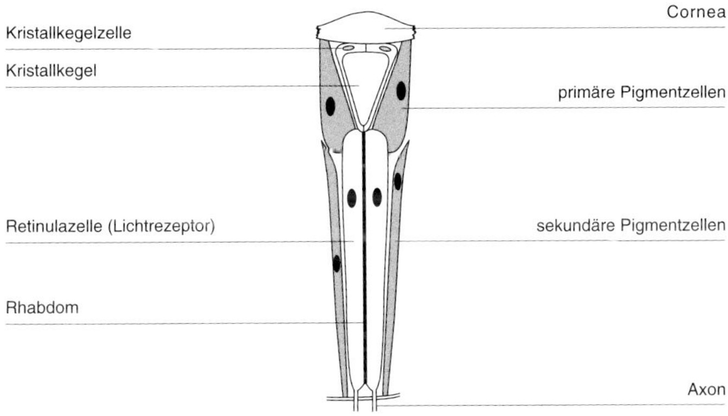

Appositionsauge

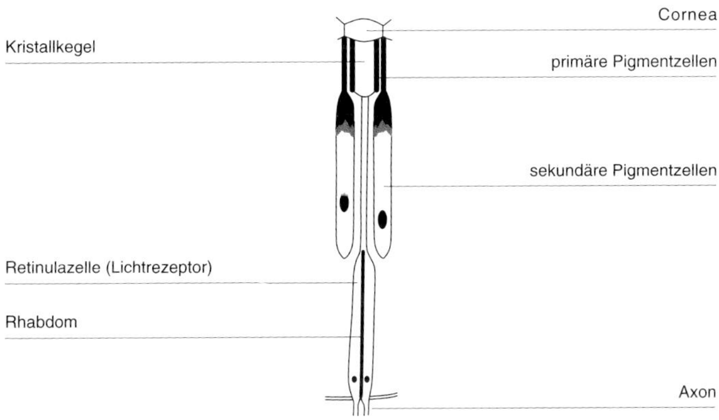

Superpositionsauge

Darstellung von Ommatidien beim Appositions- und Superpositionsauge

Ohr des Menschen

- **äußeres Ohr** zur Aufnahme von Schallwellen
  - **Ohrmuschel und Gehörgang**
- **Mittelohr** (Paukenhöhle) luftgefüllt
  - **Trommelfell**
  - **Gehörknöchelchen**
    - **Hammer** Verbindung zum Trommelfell
    - **Amboss**
    - **Steigbügel** Verbindung zur Schnecke des Innenohrs

    Funktion
    - **Übertragung der Schallschwingungen**
- **Innenohr** (Labyrinth) flüssigkeitsgefüllt
  - **knöchernes Labyrinth** im Felsenbein des Schädels

    umschließt
    - **häutiges Labyrinth**
      - **Utriculus** (oberes Bläschen)

        mit
        - **drei Bogengängen** rechtwinklig zueinander
        - **Ampullen** Erweiterungen der Bogengänge

        Funktion
        - **Dreh- und Lagesinn**
      - **Sacculus** (unteres Bläschen)

        Funktion
        - **Lagesinn**
      - **Schnecke** (Cochlea) eigentliches Hörorgan
        - **Vorhofgang** (Scala vestibuli) mit Perilymphe
        - **Paukengang** (Scala tympani) mit Perilymphe
        - **Schneckengang** (Scala media) zwischen Vorhof- und Paukengang; mit Endolymphe

          begrenzt von
          - **Reißner-Membran** zum Vorhofgang
          - **Basilarmembran** zum Paukengang

            trägt
            - **Corti-Organ**

              mit
              - **Haarsinneszellen und Deckmembran**

              Funktion
              - **Reiz-Erregungs-Transformation** durch Verschieben der Sinneshaare (Cilien) an der Deckmembran

Eustachische Röhre (Ohrtrompete, Tube) Verbindung zwischen Mittelohr und Rachenraum

ovales Fenster am Beginn des Vorhofgangs; der Steigbügel ist in das ovale Fenster eingepasst

rundes Fenster am Ende des Paukengangs; dient dem Druckausgleich im Innenohr

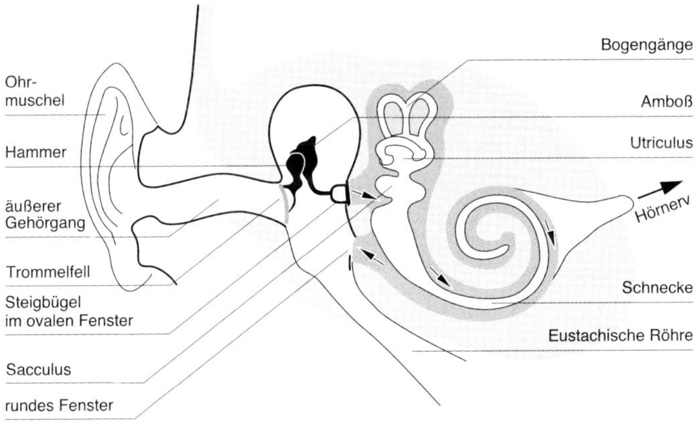

Schnitt durch das Ohr

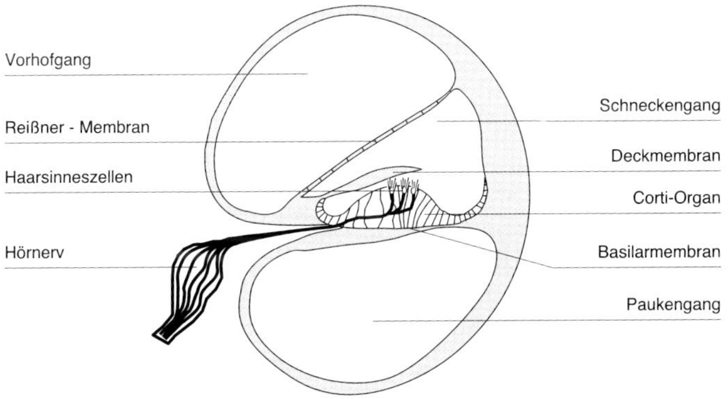

Innenohr

Muskelkontraktion

anatomische Grundlagen

- **Muskeln**
  Bau
  - **Muskelfasern** (Muskelzellen) lang gestreckte, auf Kontraktion spezialisierte Zellen oder Zellaggregate
    mit
    - **Sarkolemm** Zellmembran
    - **Sarkoplasma** Cytoplasma
    Kennzeichen
    - **einkernig**
      bei
      - **glatter Eingeweidemuskulatur** unwillkürlich und langsam
    - **vielkernig** durch Zusammenschluss mehrerer Muskelzell-vorläufer
      bei
      - **quergestreifter Skelettmuskulatur** willkürlich und schnell
    man unterscheidet
    - **glatte Muskelfasern** gleichmäßige Oberfläche
      Bau
      - **Muskelfibrillen** (Myofibrillen)
        mit
        - **Aktinfilamenten**
        - **Myosinfilamenten**
    - **quergestreifte Muskelfasern** regelmäßige Bänderung durch stärker und schwächer doppelbrechende Abschnitte
      Bau
      - **Muskelfibrillen** (Myofibrillen)
        funktionelle Einheiten
        - **Sarkomere**
          Bau
          - **Aktinfilamente** dünn
            Bestandteile
            - **Aktin, Troponin und Tropomyosin** Proteine
          - **Myosinfilamente** dick
            Bestandteil
            - **Myosin** Protein
              Bau
              - **Schaft, Hals und Kopf**
        umgeben von
        - **sarkoplasmatischem Retikulum** intrazellulär
        - **Transversalsystem** (T-Kanäle) extrazellulär

Sehnen Verbindungen des Muskels zum Knochen; bestehen aus faserigem Bindegewebe

A-Bande (A-Streifen, anisotrop) dunkle, im polarisierten Licht doppelbrechende Abschnitte der Muskelfibrillen

I-Bande (I-Streifen, isotrop) helle, im polarisierten Licht schwächer doppelbrechende Abschnitte der Muskelfibrillen

Z-Streifen (Z-Scheiben) begrenzen Sarkomer

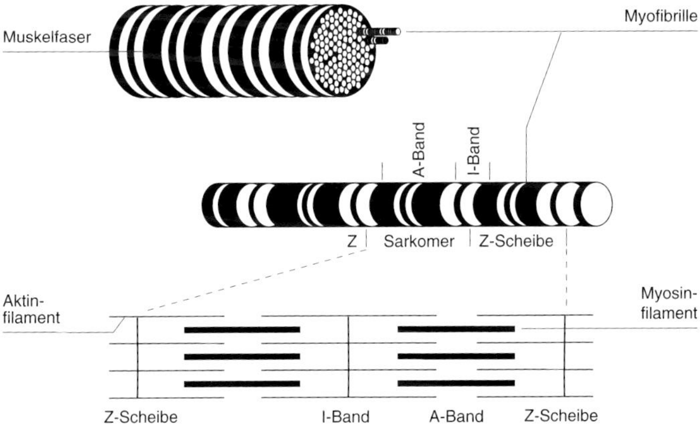

Muskelaufbau

Muskelkontraktion [Fortsetzung]

möglicher Ablauf

- **präsynaptisches Aktionspotential** im Motoneuron
- **postsynaptisches Endplattenpotential**
  in
  - **neuromuskulärer Synapse** (motorischer Endplatte)
  führt zu
  - **Muskelaktionspotential** zeigt regenerative Ausbreitung
    Fortleitung über
    - **T-Kanäle** in Muskelfaser
    führt zu
    - **Ca^{2+}-Ionenfreisetzung** aus sarkoplasmatischem Retikulum ins Sarkoplasma
    - **Sarkomerenverkürzung** durch Gleitvorgang zwischen Aktin- und Myosinfilamenten
      Gleitfilamentmodell
      - **Ca^{2+}-Bindung** an Troponin
      - **Konformationsänderung** des Troponins und Tropomyosins
      - **ATP-Spaltung** durch Myosinkopf
      - **Querbrückenbildung** zwischen Myosinkopf und Aktinfilamenten
        Auflösung durch
        - **ATP-Anlagerung** an Myosinkopf
      Beendigung durch
      - **aktive Ca^{2+}-Aufnahme** ins sarkoplasmatische Retikulum

Tetanus Dauerkontraktion des Muskels bei schnell aufeinanderfolgenden Muskelaktionspotentialen, so dass Ca^{2+} nicht mehr vollständig ins sarkoplasmatische Retikulum zurückgepumpt werden kann

Muskelkater Schmerzzustand untrainierter Muskeln nach Überbeanspruchung, wahrscheinlich durch Muskelfaserrisse

Totenstarre durch ATP-Abbau verursachte Daueranheftung der Myosinköpfchen an die Aktinfilamente

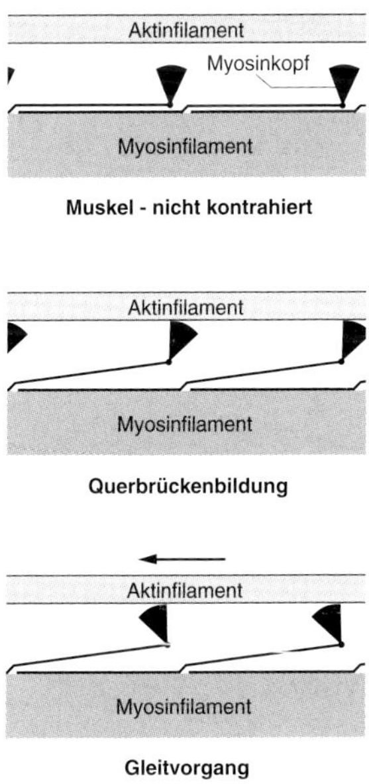

Gleitfilamentmodell der Muskelkontraktion

Muskelkontraktion [Fortsetzung]

beeinflusst durch

- **Muskelspindeln** 2-10 mm lange Sinnesorgane innerhalb der Muskeln
  enthalten
  - **Muskelspindelfasern**
    Bau
    - **Endabschnitte** quergestreift, kontraktil
      synaptischer Kontakt mit
      - **γ-Motoneuronen** vom Rückenmark
    - **Mittelabschnitt** nicht quergestreift, nicht kontraktil
      synaptischer Kontakt mit
      - **sensorischen Neuronen**
  Funktion
  - **Dehnungsrezeptoren**
- **Sehnenorgane** (Golgi-Organe) kleine, membranumhüllte Sinnesorgane innerhalb der Sehne
  enthalten
  - **Sehnenfasern**
  - **Nervenfasern** zwischen Sehnenfasern
  Funktion
  - **Spannungsrezeptoren** werden bei Zug an der Sehne gereizt
  - **Verhinderung übermäßiger Muskelkontraktion**

intrafusale Fasern Muskelfasern der Muskelspindel
extrafusale Fasern Muskelfasern der Arbeitsmuskulatur

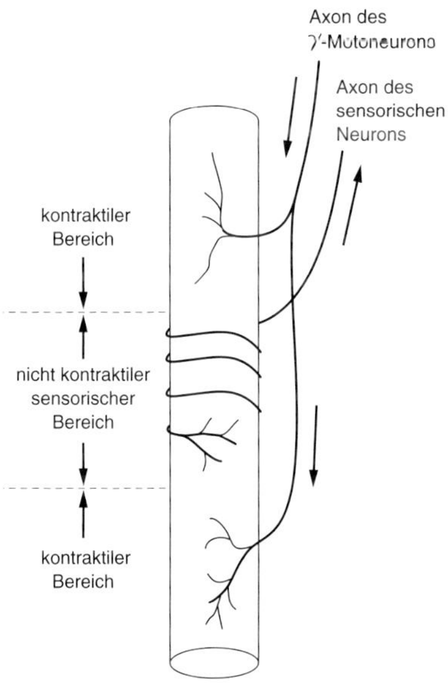

intrafusale Muskelfaser einer Muskelspindel

Reflexe stereotype Reaktionen auf Reize; Umschaltung eines afferenten Neurons auf ein efferentes im ZNS

- **unbedingte Reflexe** angeborene Reflexe
  - **Eigenreflexe**
    Kennzeichen
    - **Reizort und Reaktionsort im selben Organ**
    - **monosynaptisch** mit einer Schaltstelle
    - **kurze, konstante Reflexzeit**
    - **Einzelzuckung** als Reflexantwort
    Beispiel
    - **Kniesehnenreflex** (Patellarsehnenreflex) beim Menschen
      Ablauf
      - **Dehnung** der Patellarsehne
      - **Dehnung** der Muskelspindeln im Muskel
      - **Reizung** der freien Nervenendigungen der sensorischen Neuronen
      - **Erregungsleitung** in sensorischen Neuronen
      - **Erregungsübertragung** an Synapsen im Rückenmark
        - **exzitatorisch auf α-Motoneuronen**
        - **inhibitorisch auf γ-Motoneuronen**
      - **Erregungsleitung** in α-Motoneuronen
      - **Erregungsübertragung** an motorischen Endplatten
      - **Muskelkontraktion** des Oberschenkelstreckers
        dabei
        - **Reizung der Sehnenorgane**
        - **Hemmung der α-Motoneuronen**
  - **Fremdreflexe**
    Kennzeichen
    - **Sensoren getrennt vom Erfolgsorgan**
    - **polysynaptisch** mit mehreren Schaltstellen
    - **längere Reflexzeit** abhängig von Reizstärke
    - **Tetanus** Dauerkontraktion
    Beispiele
    - **Pupillenreflex**
    - **Hustenreflex**
- **bedingte Reflexe** auf Lernvorgängen beruhend; nicht angeboren

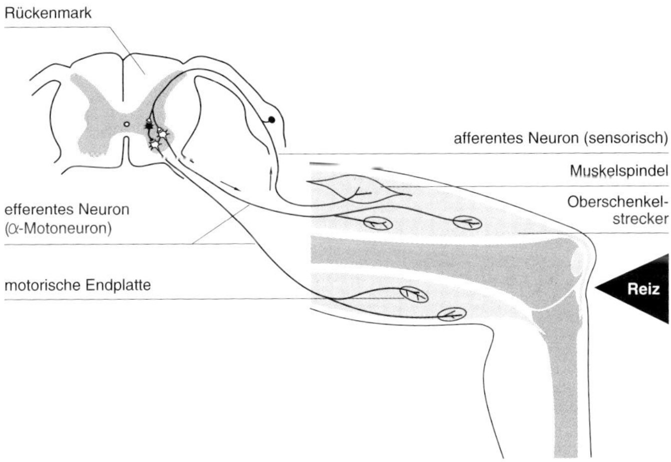

Kniesehnenreflex als monosynaptischer Eigenreflex

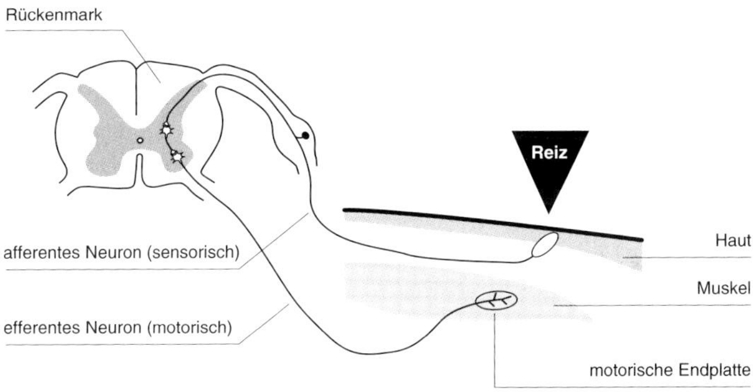

Fremdreflex

4. HORMONALE INFORMATIONSVERARBEITUNG

Hormone bei Wirbeltieren und Mensch

Merkmale

- **Botenstoffe** Transport meist im Blut
- **Wirkungsspezifität** gleiche Wirkung bei verschiedenen Tierarten
- **Wirkung in geringer Konzentration**

Unterscheidung nach Bildungsort

- **Drüsenhormone** Bildung in Hormondrüsen
- **Neurohormone** Bildung in Neuronen des ZNS
- **Gewebshormone** Bildung in zahlreichen Geweben

Unterscheidung nach dem chemischen Bau

- **Peptidhormone (Proteohormone)** aus Aminosäuren
  z.B.
  - **Insulin**
  - **Neurohormone**
- **Aminosäurederivate** (Aminosäureabkömmlinge)
  z.B.
  - **Adrenalin** Derivat des Tyrosins
- **Steroidhormone** Derivate des Cholesterols
  z.B.
  - **Nebennierenrindenhormone**
  - **Geschlechtshormone**

Wirkungsweisen allgemein

- **direkte Wirkung** Hormon wirkt auf den Zellkern der Zielzelle ein
  führt zu
  - **Steigerung der Enzymsynthese** durch Genaktivierung
  z.B. bei
  - **Steroidhormonen**
- **indirekte Wirkung** durch Reaktion des Hormons als erstem Botenstoff (first messenger) mit Rezeptormolekülen der Membran der Zielzelle; weitere Reaktionen durch zweite Botenstoffe (second messenger)
  z.B. durch
  - **Aktivierung von Adenylatcyclase** Enzym in der Zellmembran
    führt zu
    - **Produktion von cAMP** als second messenger
    - **Aktivierung inaktiver Enzyme**
  - **Ca^{2+}-Ioneneinstrom** in die Zelle
    führt zu
    - **Bindung von Ca^{2+}-Ionen an Calmodulin** als Rezeptorprotein; Ca^{2+}-Ionen sind second messenger
    - **Aktivierung inaktiver Enzyme**
  bei
  - **Peptidhormonen**

Steroidhormone dringen in die Zelle ein und bilden mit einem Rezeptorprotein einen Hormon-Rezeptor-Komplex, der durch Bindung an die Promotorregion eines Gens dieses Gen aktiviert

Ecdyson Steroidhormon bei Insekten; bewirkt u.a. die Umwandlung (Metamorphose) der Larve zum erwachsenen Insekt (Imago)

cAMP zyklisches Adenosinmonophosphat

Gewebshormone z.B. Prostaglandine, Abkömmlinge mehrfach ungesättigter Fettsäuren mit vielfältiger Wirkung, aber kurzer Wirkungszeit; rufen z.B. Entzündungsreaktionen hervor, steigern u.a. das Schmerzempfinden, vermindern die Magensaftproduktion und lösen Geburtswehen aus

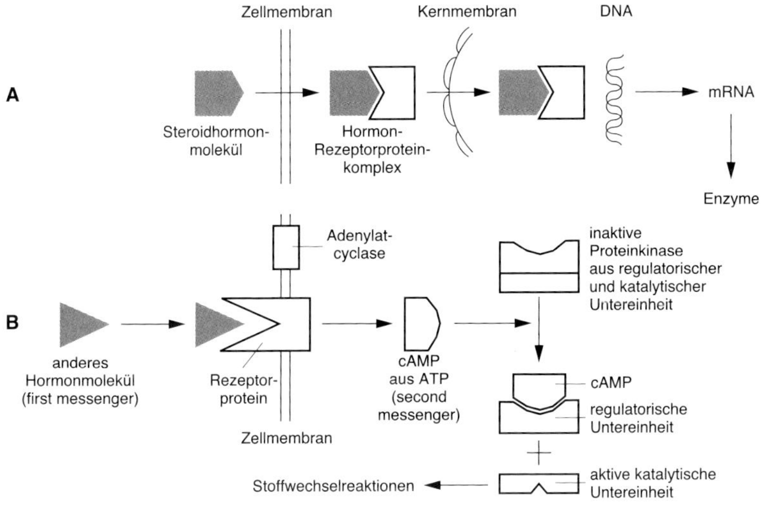

A: direkte Wirkung B: indirekte Wirkung

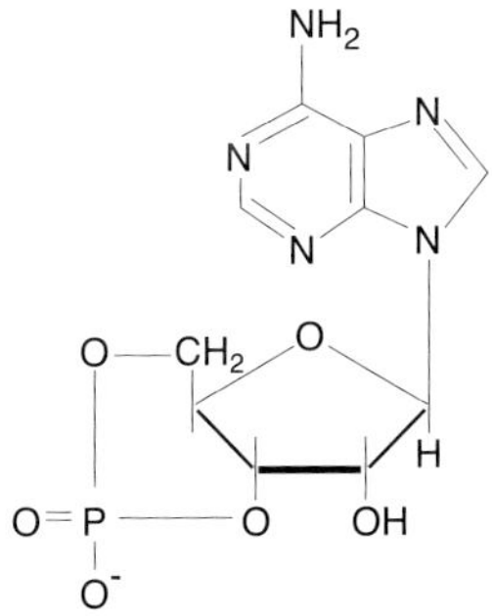

Cyklo-AMP (cAMP)

Hormondrüsen des Menschen

- **Hypophyse** (Hirnanhangdrüse) wichtigste Hormondrüse; am Boden des Zwischenhirns
  gegliedert in
  - **Hypophysenhinterlappen** (HHL, Neurohypophyse)
    Hormone
    - **Adiuretin** (Vasopressin) Neurohormon
      bewirkt
      - **Wasserresorption** in der Niere
    - **Oxytocin** (Ocytocin) Neurohormon
      bewirkt
      - **Kontraktion glatter Muskelzellen**
        von
        - **Milchdrüsengängen** beim Stillen
        - **Gebärmutter** während der Geburt
  - **Hypophysenvorderlappen** (HVL, Adenohypophyse)
    Hormone
    - **glandotrope Hormone** Peptidhormone; bewirken Stimulation anderer Hormondrüsen
      z.B.
      - **gonadotrope Hormone** wirken auf die Keimdrüsen
      gesteuerte Abgabe durch
      - **Releasing-Hormone** des Hypothalamus; Peptidhormone
    - **Somatotropin** (somatotropes Hormon, STH, Wachstumshormon) Proteohormon
      bewirkt
      - **Körperwachstum**
        u.a. durch
        - **Steigerung der Proteinsynthese**
        - **Förderung des Knochenwachstums**
    - **Prolactin** Proteohormon
      bewirkt
      - **Milchproduktion**
- **Epiphyse** (Zirbeldrüse) am Zwischenhirndach
  Hormon
  - **Melatonin** Derivat der Aminosäure Tryptophan; bewirkt Hemmung der Geschlechtsreife bei Kindern und steuert den Schlaf-Wach-Rhythmus
- **Schilddrüse** vor dem Schildknorpel am Hals gelegen
  Hormone
  - **Thyroxin** jodhaltiges Derivat der Aminosäure Tyrosin
    bewirkt
    - **Stoffwechselaktivierung und Körperwachstum**
  - **Calcitonin** Peptidhormon; Antagonist des Parathormons der Nebenschilddrüse
    bewirkt
    - **Senkung der Ca^{2+}-Ionenkonzentration** im Blut

Riesenwuchs durch Überproduktion von Somatotropin bei Kindern
Minderwuchs (Zwergwuchs) durch Somatotropinmangel bei Kindern
Epiphyse ihre Zerstörung bewirkt bei Kindern vorzeitige Geschlechtsreife
Thyroxin bewirkt auch die Metamorphose der Kaulquappe zum Frosch
Schilddrüsenüberfunktion (Hyperthyreose) Thyroxinüberproduktion mit abnorm gesteigertem Stoffwechsel (erhöhte Körpertemperatur, beschleunigter Herzschlag, Abmagerung bei Appetitsteigerung, Übererregbarkeit)
Schilddrüsenunterfunktion (Hypothyreose) durch Jodmangel verursachter Thyroxinmangel mit Kropfbildung und herabgesetztem Stoffwechsel
Kretinismus angeborene Schilddrüsenunterfunktion bei Kindern mit Minderwuchs und Schwachsinn

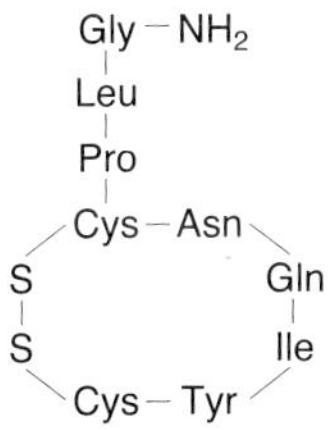

Oxytocin

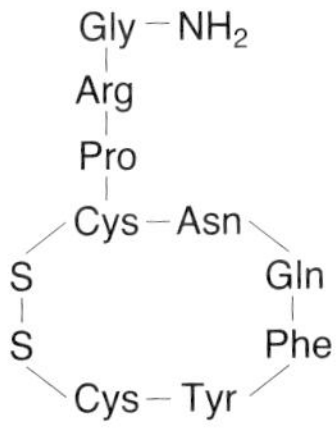

Adiuretin

Arg	:	Arginin
Asn	:	Asparagin
Cys	:	Cystein
Glu	:	Glutaminsäure
Gly	:	Glycin
Ile	:	Isoleucin
Leu	:	Leucin
Phe	:	Phenylalanin
Pro	:	Prolin
Tyr	:	Tyrosin

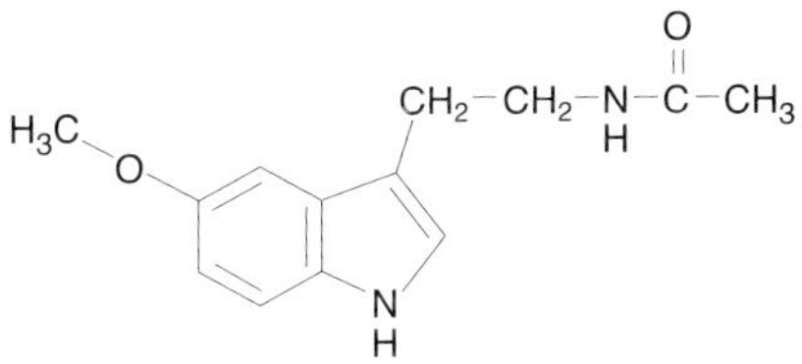

Melatonin

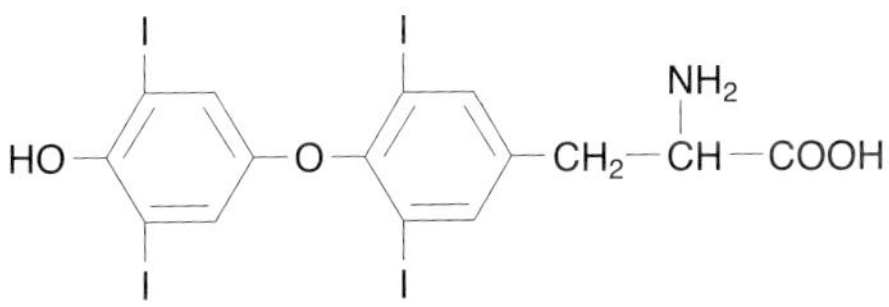

Thyroxin

Hormondrüsen des Menschen [Fortsetzung]

- **Nebenschilddrüse** (Epithelkörperchen) an der Hinterseite der Schilddrüse
  Hormon
  - **Parathormon** Peptidhormon
    bewirkt
    - **Erhöhung der Ca^{2+}-Ionenkonzentration** im Blut; Antagonist des Calcitonins
- **Nebennieren** sitzen kappenartig den Nieren auf
  gegliedert in
  - **Nebennierenrinde**
    Hormone
    - **Glucocorticoide** Steroidhormone
      z.B.
      - **Cortisol**
        beeinflusst
        - **Kohlenhydratstoffwechsel** Bildung von Glucose aus Aminosäuren
        - **Proteinstoffwechsel** Hemmung der Proteinsynthese
    - **Mineralocorticoide** Steroidhormone
      z.B.
      - **Aldosteron**
        bewirkt
        - **Steuerung des Na^{+}-Ionenhaushalts**
  - **Nebennierenmark**
    Hormone
    - **Adrenalin** Aminosäurederivat; “Stresshormon”
      bewirkt z.B.
      - **Blutdruck-/Herzfrequenzsteigerung**
      - **Erhöhung des Blutzuckerspiegels**
      - **Fettabbau**
    - **Noradrenalin** Vorstufe des Adrenalins; ähnliche Wirkung wie Adrenalin
- **Langerhanssche Inseln** (Inselorgan) in der Bauchspeicheldrüse
  man unterscheidet
  - **A-Zellen**
    bilden
    - **Glukagon** Peptidhormon
      bewirkt
      - **Glycogenabbau** zu Glucose in der Leber
      - **Steigerung des Blutzuckerspiegels**
  - **B-Zellen**
    bilden
    - **Insulin** Peptidhormon
      bewirkt
      - **Glycogenaufbau** aus Glucose in Leber und Muskeln
      - **Glucoseabbau** im Zellstoffwechsel
      - **Senkung des Blutzuckerspiegels**

Zuckerkrankheit (Diabetes mellitus) angeborener oder erworbener Insulinmangel mit erhöhtem Blutzuckerspiegel; führt zu Blutgefäßschäden und Stoffwechselentgleisung durch verstärkten Fett- und Proteinabbau

Cortisol wird wegen seiner proteinsynthesehemmenden Wirkung als Medikament zur Unterdrückung unerwünschter Immunabwehrreaktionen verwendet, z.B. bei Organtransplantationen

Stress körperliche und/oder seelische Anforderung, die mit erhöhter Sympathikusaktivität, Cortisol- und Adrenalinausschüttung einhergeht; Eustress: zur Alltagsbewältigung notwendiger, nicht schädlicher Stress; Disstress: ständige, meist seelische Überforderung; führt zu Fehlfunktionen des vegetativen Nervensystems ("vegetative Dystonie"), Infektanfälligkeit und Herz-/Kreislaufschäden durch ständig erhöhten Cortisol- und Adrenalinspiegel

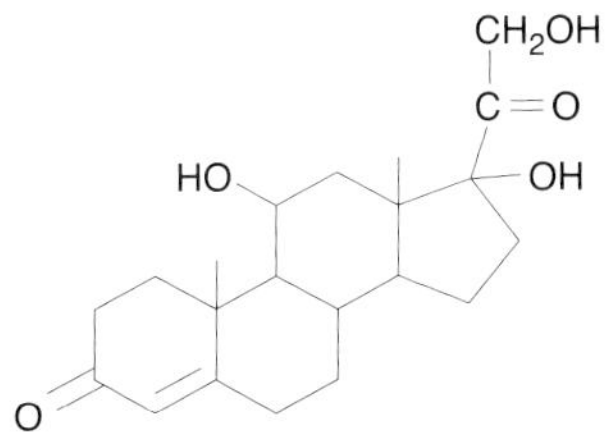

Cortisol

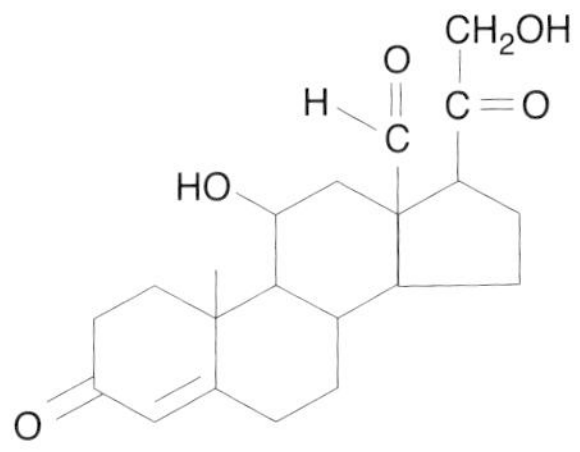

Aldosteron

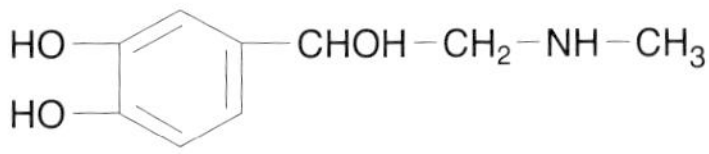

Adrenalin

Hormondrüsen des Menschen [Fortsetzung]

- **Keimdrüsen** (Gonaden)
  - **Hoden** (Testes)
    Hormone
    - **Androgene** Steroidhormone
      z.B.
      - **Testosteron**
        Funktionen
        - **Samenreifung** (Spermiogenese)
        - **Ausbildung sekundärer Geschlechtsmerkmale**
          z.B.
          - **vergrößerter Kehlkopf** tiefe Stimme
          - **kräftige Muskulatur**
          - **verstärkte Körper-, geringere Kopfbehaarung**
  - **Eierstöcke** (Ovarien)
    Hormone
    - **Östrogene** (Follikelhormone) Steroidhormone
      z.B.
      - **Östradiol**
        Funktionen
        - **Steuerung des Menstruationszyklus**
        - **Ausbildung sekundärer Geschlechtsmerkmale**
          z.B.
          - **Entwicklung von Brüsten**
          - **Kehlkopf nicht vergrößert** hohe Stimme
          - **schwächer ausgeprägte Muskulatur**
          - **verstärkte Kopf-, geringere Körperbehaarung**
    - **Gestagene** (Gelbkörperhormone) Steroidhormone
      z.B
      - **Progesteron**
        Funktionen
        - **Steuerung des Menstruationszyklus**
        - **Schwangerschaftshormon** verstärkte Bildung in der Schwangerschaft

Kastration Entfernung der Keimdrüsen; bewirkt Ausbildung sekundärer Geschlechtsmerkmale des anderen Geschlechts durch die in sehr geringen Mengen in der Nebennierenrinde produzierten gegengeschlechtlichen Hormone; heute nur noch aus medizinischen Gründen, bis ins 19. Jh. bei Knaben zum Erhalt der hohen Stimmlage (Kastratensänger) praktiziert

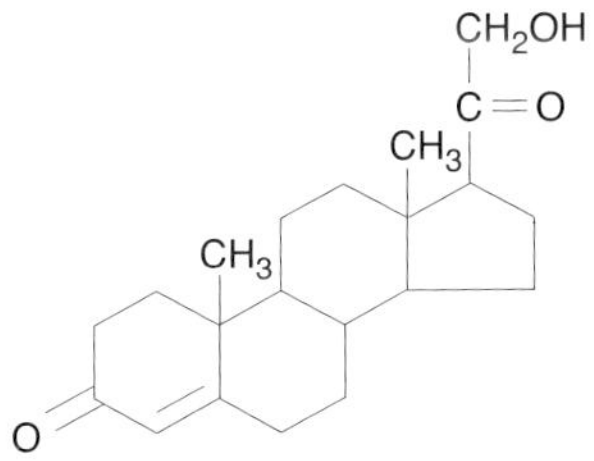

Progesteron

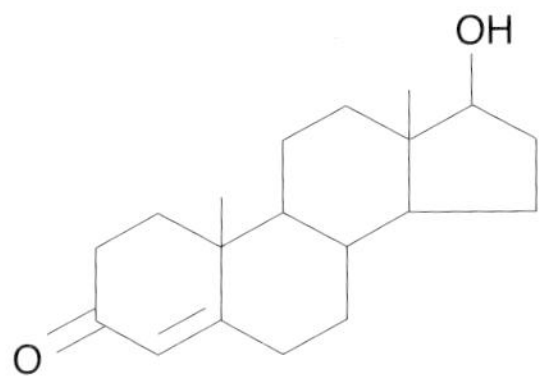

Testosteron

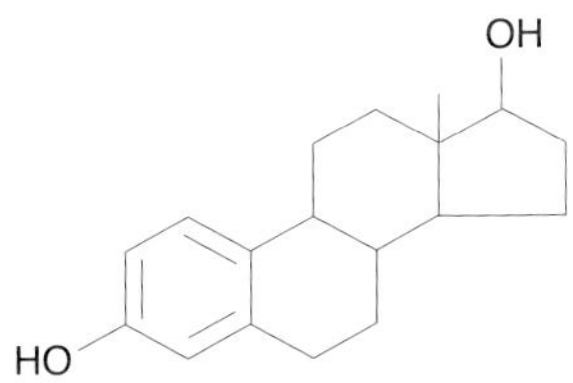

Östradiol

Menstruationszyklus (Ovarialzyklus)

Phasen

- **Follikelreifung** im Eierstock

  gesteuert durch

  - **gonadotrope Hormone** des Hypophysenvorderlappens
    - **follikelstimulierendes Hormon** (FSH)
    - **luteinisierendes Hormon** (LH)

    bewirken

    - **Follikelsprung** (Eisprung, Ovulation)
- **Proliferationsphase** Wachstum der Gebärmutterschleimhaut

  durch

  - **Östradiol und Östron**

    Bildung im

    - **Follikel** reifende Eizelle mit mehrschichtiger Hülle
- **Sekretionsphase** verstärkte Durchblutung der Gebärmutterschleimhaut

  durch

  - **Progesteron**

    Bildung im

    - **Gelbkörper** (Corpus luteum) zu Hormondrüse umgewandelter Follikelrest nach dem Follikelsprung
- **Menstruation** Abstoßung der Gebärmutterschleimhaut

  Ursache

  - **Gelbkörperrückbildung**

    führt zu

    - **Progesteronabfall**
    - **verstärkter FSH-Bildung** im HVL; Wiederbeginn des Menstruationszyklus

Follikelreifung erste Phase (Primärfollikel): Bildung eines einschichtigen Epithels durch die die Eizelle umgebenden Bindegewebszellen; zweite Phase (Sekundärfollikel): das Epithel wird mehrschichtig; dritte Phase (Tertiärfollikel, Graafscher Follikel): das Epithel sondert Flüssigkeit ab, die beim Follikelsprung an der Eierstockoberfläche die Eizelle in den Eileiter schwemmt

Ovulationshemmer (Anti-Baby-Pille) zusammengesetzt aus Östrogenen und/oder Progesteron, bewirken Hemmung der FSH- und LH-Bildung im HVL und damit Hemmung von Follikelreifung und -sprung

Klimakterium (Wechseljahre) um das 50. Lebensjahr eintretende allmähliche Produktionsabnahme der gonadotropen Hormone; führt zum Erlöschen des Menstruationszyklus

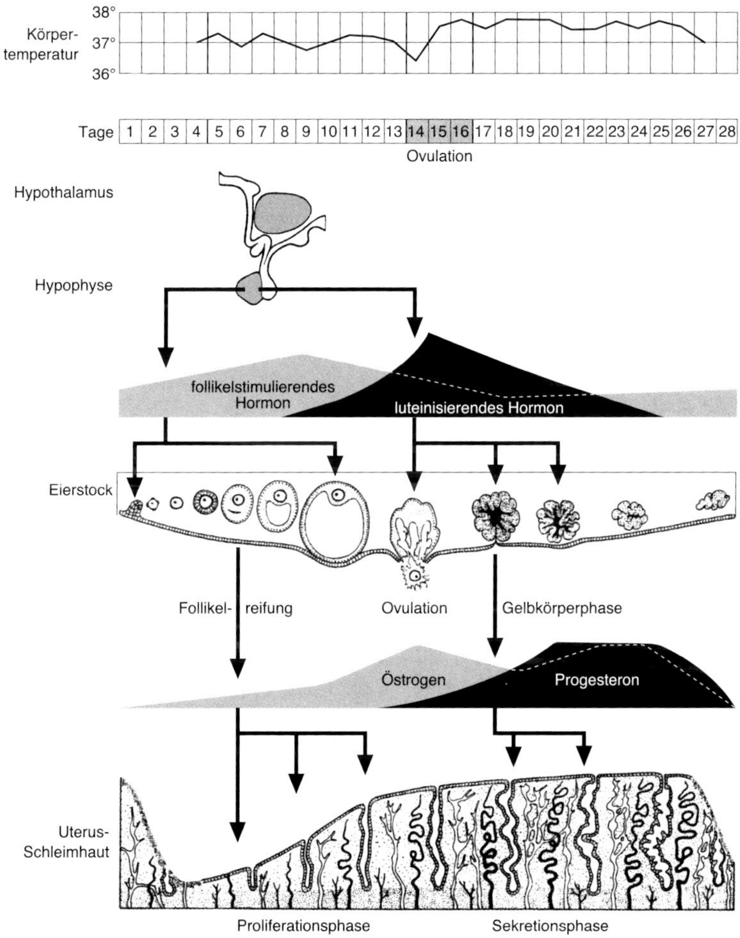

Menstruationszyklus

5. INFORMATIONSVERARBEITUNG BEI PFLANZEN

Erregungsvorgang

ausgelöst durch
- **Reize**
  - **Licht**
  - **Schwerkraft**
  - **chemische Substanzen**
  - **Berührung/Erschütterung**

Ablauf
- **Ruhepotential** Membranpotential der ungereizten Pflanzenzelle
  Ursachen
  - **aktiver Cl^--und K^+-Ionentransport** in die Zelle
  - **Cl^--Ionenüberschuß** im Plasma

  Höhe
  - **– 50 bis – 250 mV**
- **Reizaufnahme** durch lebende Zellen
- **Reizübertragung** (sensorische Transduktion)
  bioelektrischer Vorgang
  - **Aktionspotential** Potentialänderung; größer und länger dauernd als bei Tieren
    nach dem
    - **Alles-oder-Nichts-Prinzip**

    Phasen
    - **Zunahme der Membranleitfähigkeit für Cl^--Ionen** bzw. Depolarisation
      führt zu
      - **schnellem Cl^--Ionen-Ausstrom**
      - **K^+-Ionen-Ausstrom**
    - **Sinken der Membranleitfähigkeit für Cl^--Ionen** bzw. Repolarisation
      führt zu
      - **abnehmendem Cl^--Ionen-Ausstrom**
      - **K^+-Ionen-Ausstrom** wie bei Neuronen
- **Refraktärphase** keine Erregung möglich
- **Wiederherstellung des Ruhepotentials**

Erregungsleitung

- **elektrische Erregungsleitung** durch fortgeleitete Aktionspotentiale; nur bei lebenden Zellen
  Geschwindigkeit
  - **2,5 - 20 cm/s**
- **chemische Erregungsleitung** durch Erregungssubstanzen in Leitungsbahnen
  Geschwindigkeit
  - **ca. 10 cm/s**

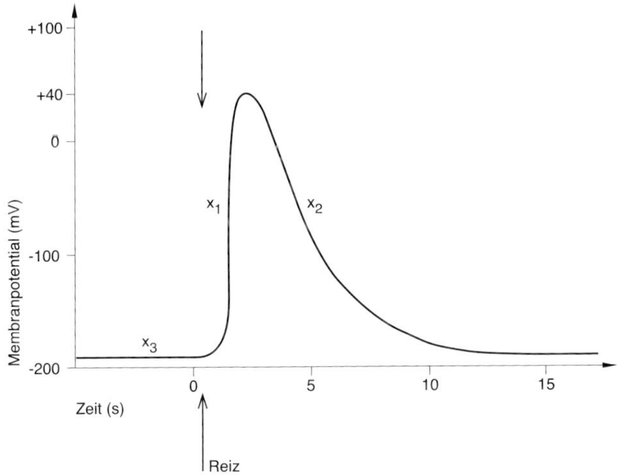

Aktionspotential bei einer Pflanzenzelle

x_1 Depolarisation x_2 Repolarisation x_3 Ruhepotential

Bewegungen

- **autonome Bewegungen** (endogene Bewegungen) ohne äußere Einwirkung
  z.B.
  - **Circumnutationen** (Kreisbewegungen) Suchen nach Halt von Windesprossen und Ranken
  - **tagesperiodische Bewegungen** z.B. Blattheben und -senken bei der Feuerbohne auch im Dauerlicht bzw.-dunkel
- **induzierte Bewegungen** durch Reizeinwirkung
  man unterscheidet
  - **Taxien** Bewegungen einzelliger Organismen
    man unterscheidet
    - **Topotaxis** Bewegung auf den Reiz zu
    - **Phobotaxis** Bewegung vom Reiz weg
    auslösende Reize
    - **Licht** löst Phototopotaxis einzelliger Algen aus
    - **chemische Substanzen** lösen Chemotaxis aus; z.B. Sexuallockstoffe (Gamone) von Gameten
  - **Tropismen** gerichtete Bewegungen ortsfester Pflanzen
    durch
    - **einseitige Wachstumsförderung**
    man unterscheidet
    - **Phototropismus**
      - **positiver Phototropismus** Wachstum zum Licht
        bei
        - **Sprossachse und Blättern**
      - **negativer Phototropismus** Wachstum vom Licht weg
        bei
        - **Wurzeln**
    - **Geotropismus** (Gravitropismus)
      - **positiver Geotropismus** Wachstum in Richtung der Schwerkraft
        bei
        - **Hauptwurzeln**
      - **negativer Geotropismus** Wachstum gegen die Schwerkraftrichtung
        bei
        - **Hauptsprossen**
    - **Thigmotropismus** (Haptotropismus) einseitiges Wachstum nach Berührungsreiz
      bei
      - **Ranken und Windesprossen**

Geotropismus (Gravitropismus) wird durch Vorhandensein von Statolithen in Form von Stärkekörnern (Statolithenstärke) in Zellen der Wurzel- und Sprossspitze erklärt; Lageveränderung der Pflanze führt zur Verlagerung der Statolithen; weitere Mechanismen sind unbekannt

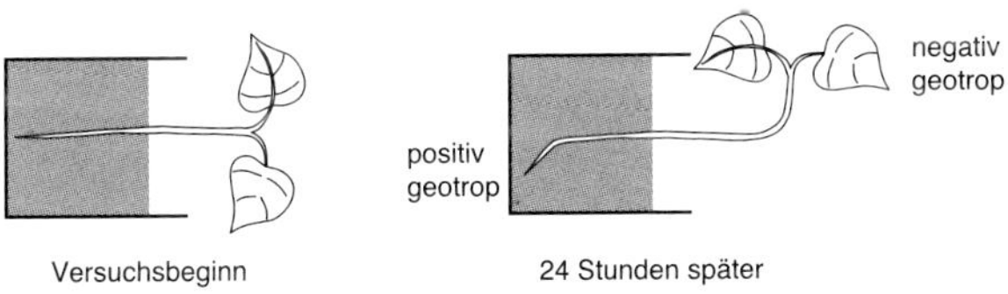

Geotropismus

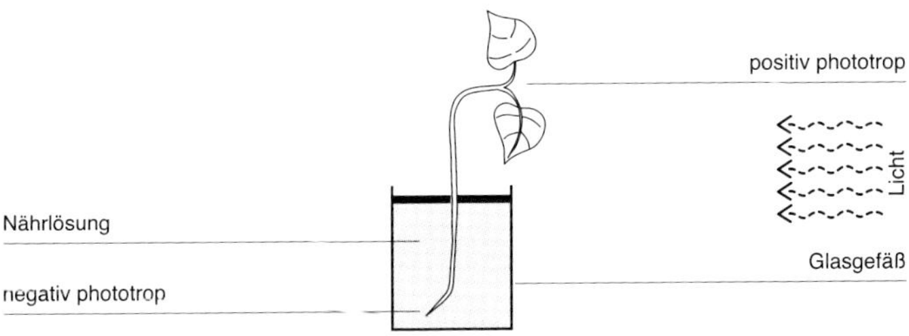

Phototropismus

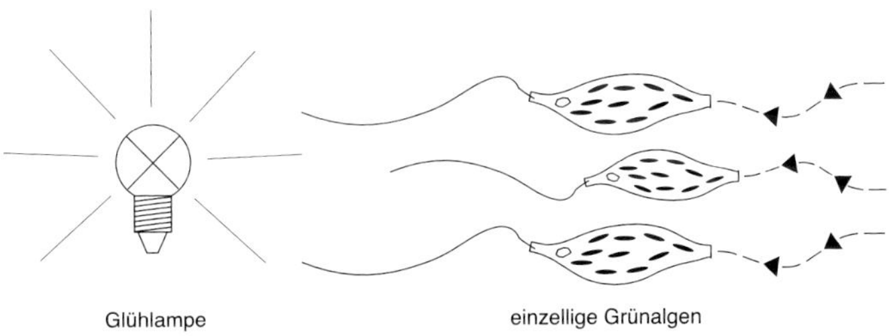

Phototopotaxis

Bewegungen [Fortsetzung]

- **induzierte Bewegungen** [Fortsetzung]
  man unterscheidet
  - **Nastien** ungerichtete Bewegungen ortsfester Pflanzen
    z.B.
    - **Seismonastie/Thigmonastie**
      auslösende Reize
      - **Erschütterung** bei Seismonastie
      - **Berührung** bei Thigmonastie
      Beispiel
      - **Zusammen-/Herunterklappen der Blätter**
        Bewegungsmechanismus
        - **Turgoränderung**
      bei
      - **Mimose**
      - **Venusfliegenfalle** fleischfressende Pflanze
    - **Photonastie/Thermonastie**
      auslösende Reize
      - **wechselnde Beleuchtung** bei Photonastie
      - **Temperaturänderung** bei Thermonastie
      Beispiel
      - **Öffnen und Schließen der Blüten**
        Bewegungsmechanismus
        - **einseitige Wachstumsförderung** der Blütenkronblätter
      z.B. bei
      - **Tulpen**
- **Bewegungsmechanismen**
  Beispiele
  - **einseitige Wachstumsförderung**
    durch
    - **Aktivierung des Phytochromsystems** als aktives P660 und inaktives P730 existierendes Chromoproteid mit Absorptionsmaxima bei 660 nm (hellrot) und 730 nm (dunkelrot); bewirkt Genaktivierung
    - **Hormongradient** ungleichmäßige Auxinverteilung
      führt zu
      - **Wachstumssteigerung** der lichtabgewandten bzw. nicht der Berührung ausgesetzten Spross- oder Blattseite

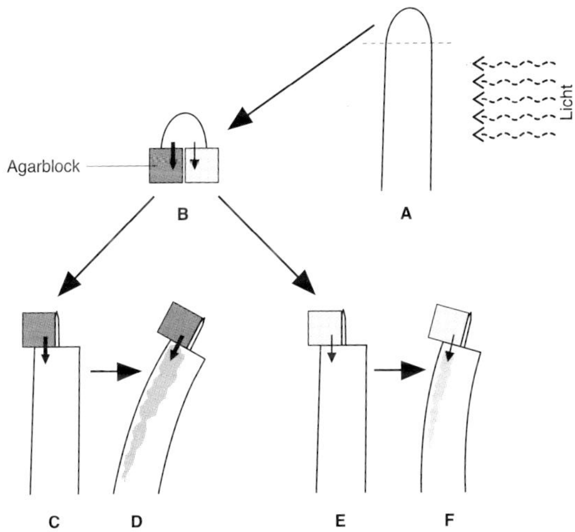

IES*-bedingter Phototropismus bei Hafer-Koleoptilen (Hafer-Keimscheiden)

A: Abtrennung der Koleoptilenspitze nach Belichtung
B: IES*-Übertragung auf Agarblöckchen
C und E: aufgesetzte Agarblöckchen
D und F: unterschiedliche Krümmung durch unterschiedliche IES-Konzentration

***IES ist ein Auxin**

Bewegungen [Fortsetzung]

- **Bewegungsmechanismen** [Fortsetzung]

  Beispiele

  - **Turgoränderung**

    z.B. bei

    - **Seismo-/Thigmonastie** bei Mimose und Venusfliegenfalle

      Deutung

      - **plötzlicher Wasserausstrom** aus dem Schwellgewebe der Blattstielgelenke bzw. der Mittelrippen der Fangblätter

        hervorgerufen durch

        - **Erregungssubstanzen**

    - **Spaltöffnungsbewegungen**

      abhängig von

      - **Wasser**

        bei Wassermangel

        - **Turgeszenzverlust** der Schließzellen
        - **Verschluss der Spaltöffnungen**

      - **Licht**

        bewirkt

        - **Öffnen der Spaltöffnungen**

      - **Temperatur** > 25°C

        bewirkt

        - **Turgeszenzverlust** der Schließzellen
        - **Verschluss der Spaltöffnungen**

      - **CO_2-Gehalt** der Luft

        bei niedrigem Partialdruck

        - **Öffnen der Spaltöffnungen**

        bei hohem Partialdruck

        - **Verschluss der Spaltöffnungen**

      - **Abscisinsäure** Pflanzenhormon

        bewirkt

        - **Verschluss der Spaltöffnungen**

      hypothetischer Ablauf des Öffnungsvorgangs

      - **aktiver Protonentransport** aus den Schließzellen durch ATP-betriebene Protonenpumpe
      - **passive K^+-Ionenaufnahme** in die Schließzellen
      - **pH-Werterhöhung** des Schließzellencytoplasmas
      - **Aktivierung der PEP-Carboxylase** Phosphoenolpyruvatcarboxylase bildet Oxalacetat aus PEP und CO_2
      - **Reduktion des Oxalacetats zu Malat**
      - **Malataufnahme** in die Vakuolen der Schließzellen
      - **Erhöhung des osmotischen Wertes** der Schließzellen
      - **Turgeszenzerhöhung** der Schließzellen durch einströmendes Wasser
      - **Öffnen der Spaltöffnungen**

Pflanzenhormone (Phytohormone, Wuchsstoffe)

Merkmale

- **Botenstoffe** Transport von Zelle zu Zelle oder in Leitungsbahnen
- **Wirkungsspezifität** gleiche Wirkung bei verschiedenen Pflanzenarten
- **Wirkung in geringer Konzentration**

Bildungsort

- **Bildungsgewebe** (Meristeme) Gewebe mit teilungsfähigen Zellen
  v.a. in
  - **Spross- und Wurzelspitze**
- **lebende Zellen**
  von
  - **Blättern und Sprossachse**
  - **Früchten und Samen**

Beispiele

- **Auxine**
  z.B.
  - **Indol-3-essigsäure** (IES)
  bewirken
  - **Streckungswachstum**
  - **Steigerung der Zellteilungsaktivität**
  - **Apikaldominanz** Austreiben von Seitenknospen wird unterdrückt
- **Gibberelline**
  bewirken
  - **Streckungswachstum**
  - **Steigerung der Zellteilungsaktivität**
  - **Blütenbildung**
  - **Austreiben** von Knospen
  - **Keimung** von Samen
- **Cytokinine**
  bewirken
  - **Stoffwechselaktivierung**
  - **Austreiben** von Seitenknospen
  - **Keimung** von Samen
- **Abscisinsäure**
  bewirkt
  - **Fruchtfall**
  - **Ruhezustand** von Samen und Knospen
  - **Verschluss der Spaltöffnungen**
- **Ethylen** gasförmiges Pflanzenhormon
  bewirkt
  - **Blattfall**
  - **Fruchtreife**
  - **Alterung** der Pflanze

synthetische Auxine und natürliches Auxin in Überdosierung werden als Herbizide (Pflanzenvertilgungssmittel) eingesetzt; durch einseitige Förderung des Sprosswachstums kommt es zu einem Missverhältnis Spross/Wurzel

Ethylen wird zur künstlichen Reifung unreif geernteter tropischer Früchte (z.B. Bananen) eingesetzt

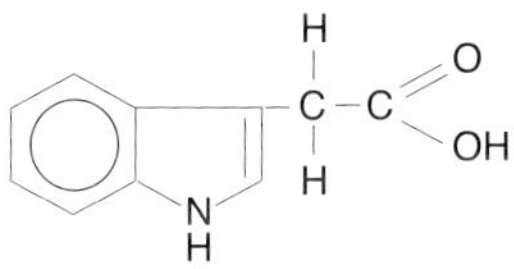

Indol-3-essigsäure

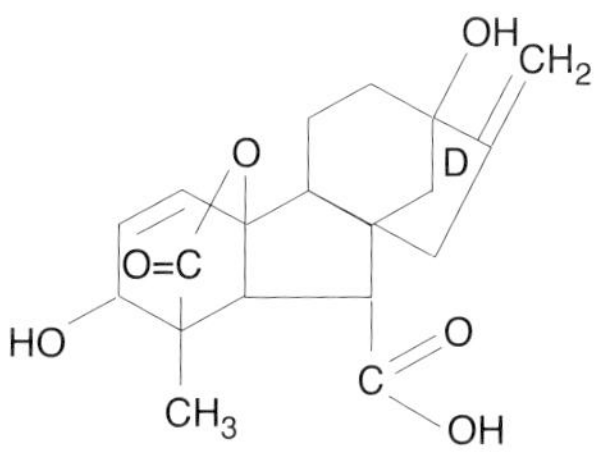

Gibberellinsäure GA_3

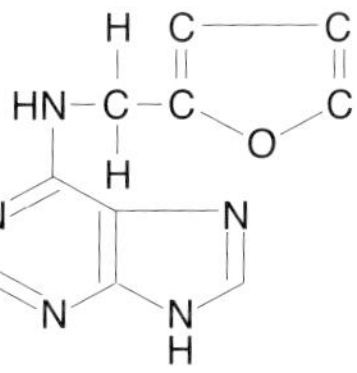

Kinetin

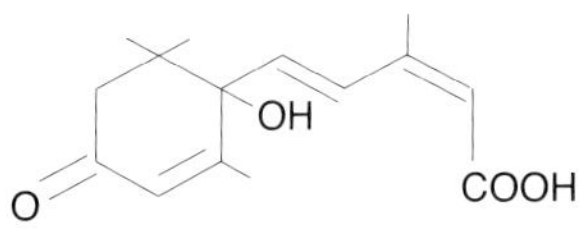

Abscisinsäure

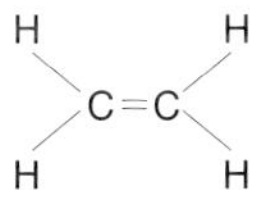

Ethylen

Phytohormone

6. VERHALTEN

angeborenes Verhalten (ererbtes Verhalten, Instinktverhalten) im Erbgut verankerte Handlungsabläufe; z.T. durch Lernen modifizierbar

Formen

- **unbedingter Reflex** einfachste Form angeborenen Verhaltens; jederzeit auslösbar; nicht modifizierbar
- **Instinkthandlung** komplexe Verhaltensweise; Ablauf nur unter bestimmten Bedingungen

  Phasen

  - **Appetenzverhalten** ungerichtete Suche nach auslösendem Reiz
  - **Taxis** (Orientierungsbewegung) gerichtete Bewegung auf einen Reiz hin
  - **Erbkoordination** (Instinktbewegung) reizbedingte, starr ablaufende Endhandlung

  Bedingungen

  - **Handlungsbereitschaft** (Antrieb, Motivation)

    abhängig von

    - **inneren Faktoren**

      z.B.

      - **Hormonspiegel und Glucosespiegel** im Blut
    - **äußeren Faktoren**

      z.B.

      - **Tageslänge**
  - **Schlüsselreiz** (Auslöser) Einzelreiz oder Reizkombination; Wahrnehmung durch Sinnesorgane

    Erkennung durch

    - **angeborenen auslösenden Mechanismus** (AAM)

      bei Wirbeltieren lokalisiert im

      - **Zwischenhirn und Mittelhirn**

      Nachweis

      - **Hirnreizungsversuche** mit Elektroden

    z.B.

    - **Größe, Form, Bewegung** von Beutetieren
    - **Frau-/Mann-Schema** beim Menschen; Aussehen des Geschlechtspartners
    - **Kindchenschema** Aussehen von Jungtieren und Kindern
    - **Laute** z.B. Kontaktlaute zwischen Eltern- und Jungtier

    Nachweis durch

    - **Attrappenversuche**

    es gilt

    - **Reizsummenregel** Kombination mehrerer Schlüsselreize ist wirksamer als Einzelreiz

angeborener auslösender Mechanismus Neuronenzentren, die von bestimmten Reizkonstellationen erregt werden
übernormale Attrappe übertrieben starker Schlüsselreiz wirkt stärker als normaler Schlüsselreiz; häufig in der Werbung verwendet
Handlungskette Aufeinanderfolge von Schlüsselreizen und Handlungen
Instinkthierarchie festgelegte Reihenfolge von Handlungsketten mit gegenseitiger Hemmung, da kein gleichzeitiger Ablauf möglich ist

Kindchenschema löst Brutpflegeverhalten aus
Einzelreize: großer runder Kopf, große Augen, Stupsnase, kleiner Mund mit vollen Lippen

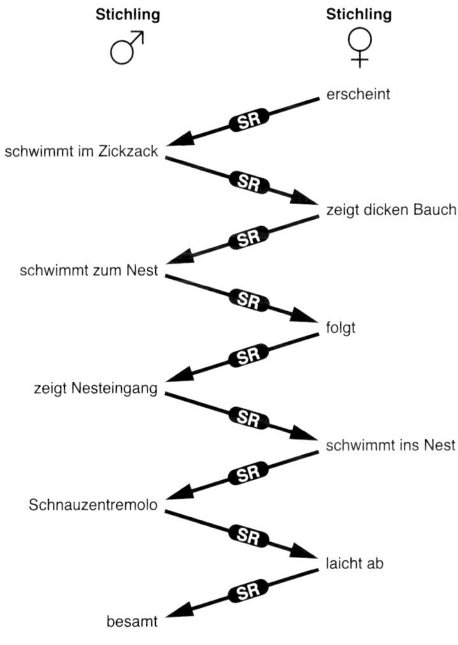

Paarungsverhalten des Stichlings als Handlungskette
(SR: Schlüsselreiz)

angeborenes Verhalten [Fortsetzung]

Formen

- **Instinkthandlung** [Fortsetzung]

  dabei häufig

  - **Ritualisierung** Bedeutungswandel von Verhaltensweisen; Handlung nur noch angedeutet oder übertrieben ausgeführt

    z.B. beim Paarungsverhalten

    - **Überreichen von Nahrung** dem Brutpflegeverhalten entnommen
    - **Imponieren** dem Aggressionsverhalten entnommen

  Sonderformen

  - **Übersprunghandlung** situationsfremde Verhaltensweise in Konfliktsituationen

    z.B.

    - **Futterpicken** vor und während eines Haushahnkampfs ohne Vorhandensein von Futter

      Deutung

      - **gleichzeitige Aggressions- und Fluchtbereitschaft** münden in eine andere Endhandlung

  - **Leerlaufhandlung** Handlung ohne vorherigen Schlüsselreiz

    z.B.

    - **Beutefangverhalten** des Frosches ohne Vorhandensein einer Beute

      Deutung

      - **spontaner Handlungsablauf** bei dauerndem Fehlen eines Schlüsselreizes

Nachweismethoden bei Tieren

- **Kaspar-Hauser-Versuche** Aufziehen von Tieren ohne Kontakt zu Artgenossen, um Verhaltensnachahmung auszuschließen
- **Hirnreizungsversuche** mit Elektroden

Nachweismethoden beim Menschen

- **relative Kaspar-Hauser-Situationen** bei Neugeborenen und Taubblinden
- **Vergleich verschiedener Kulturen** ohne Kontakt zueinander
- **Vergleich mit tierischem Verhalten** (Analogieforschung)
- **Zwillingsforschung** Untersuchung eineiiger, nach der Geburt getrennt aufgezogener Zwillinge

Intentionsbewegung im Ansatz steckengebliebene Bewegung; Schlüsselreiz war nicht stark genug

Prinzip der doppelten Quantifizierung die Intensität des Instinktverhaltens (Vollständigkeit einer Handlungskette) ist abhängig von der Stärke der Handlungsbereitschaft und der Stärke der Schlüsselreize

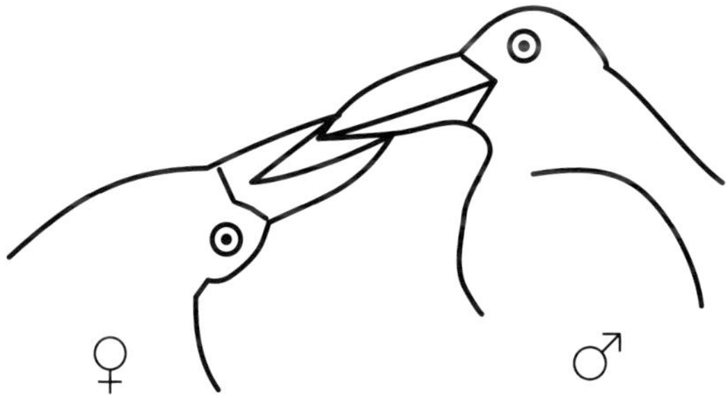

ritualisiertes Füttern bei der Kolkrabenbalz

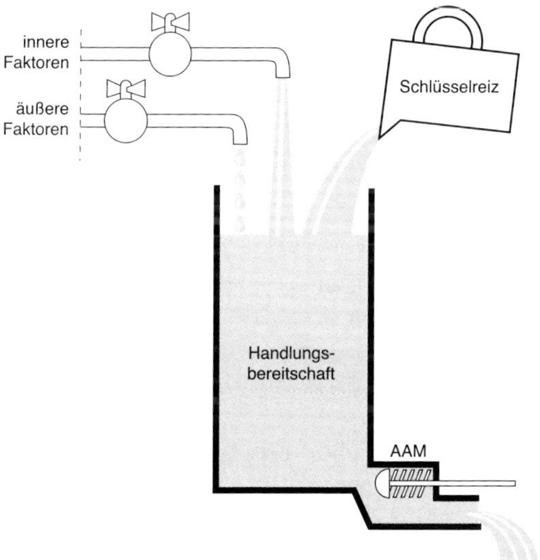

psychohydraulisches Instinktmodell nach Lorenz, zur Veranschaulichung des Prinzips der doppelten Quantifizierung

erlerntes Verhalten (erworbenes Verhalten) Handlungsabläufe nicht angeboren; situationsbedingt variabel

Voraussetzungen

- **Lernen** Fähigkeit zur Anpassung des Verhaltens durch Erfahrung und/oder Einsicht
- **Gedächtnis** Fähigkeit Erlerntes zu speichern und zu reproduzieren; Leistungsfähigkeit abhängig von der Neuronenzahl im Gehirn
    - **Ultrakurzzeitgedächtnis** Dauer der Merkfähigkeit einige Sekunden bis Minuten
    - **Kurzzeitgedächtnis** Dauer der Merkfähigkeit einige Stunden bis Tage
    - **Langzeitgedächtnis** Dauer der Merkfähigkeit einige Wochen bis Jahre; nur bei hoch entwickelten Wirbeltieren

einfache Lernleistungen

- **klassische Konditionierung** (reizbedingte Konditionierung)

    Formen

    - **bedingter Reflex** Auslösen eines unbedingten Reflexes durch einen neutralen Reiz

        z.B.

        - **Speichelsekretion** nach Klingelzeichen
    - **bedingte Appetenz** Verbinden eines Reizes mit darauf folgender positiver Erfahrung

        z.B. bei Fischen

        - **Futtersuche** hinter einer roten Scheibe, wenn dahinter mehrmals Futter gegeben wurde
    - **bedingte Aversion** Verbinden eines Reizes mit einer unangenehmen Erfahrung

        z.B.

        - **Scheuen** eines Pferdes vor einem Ort, an dem es einmal erschreckt wurde
- **operante Konditionierung** (instrumentelle Konditionierung, verhaltensbedingte Konditionierung)

    Formen

    - **bedingte Aktion** Verbinden einer Handlung mit darauf folgender angenehmer Erfahrung

        z.B. bei Hunden

        - **Männchen machen** um Futter zu bekommen
    - **bedingte Hemmung** Verbinden einer Handlung mit einer unangenehmen Erfahrung

        z.B. bei Hunden

        - **Weglaufen wird unterdrückt** sonst folgt Bestrafung
- **Gewöhnung** erfahrungsbedingte Bewertung der Wichtigkeit von Reizen

    z.B.

    - **Gewöhnung an Lärm** stark befahrener Straßen

erlernter auslösender Mechanismus (EAM) neuronale Grundlage erlernten Verhaltens

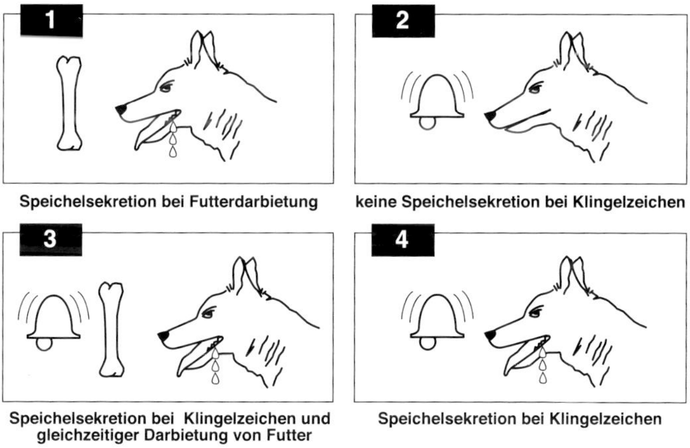

Experiment von Pawlow zur Ausbildung eines bedingten Reflexes

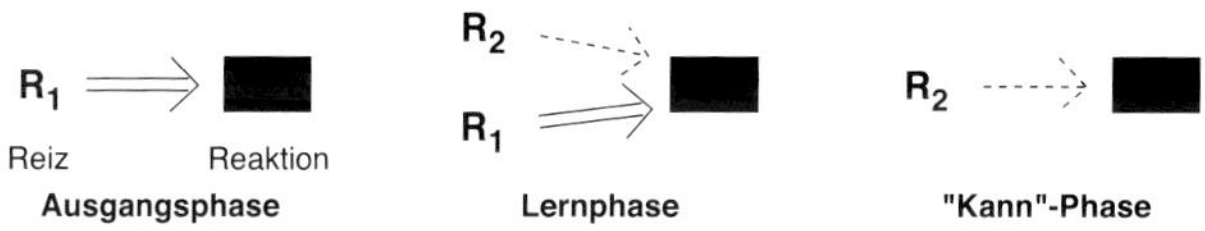

Reiz-Reaktionsschema der klassischen Konditionierung

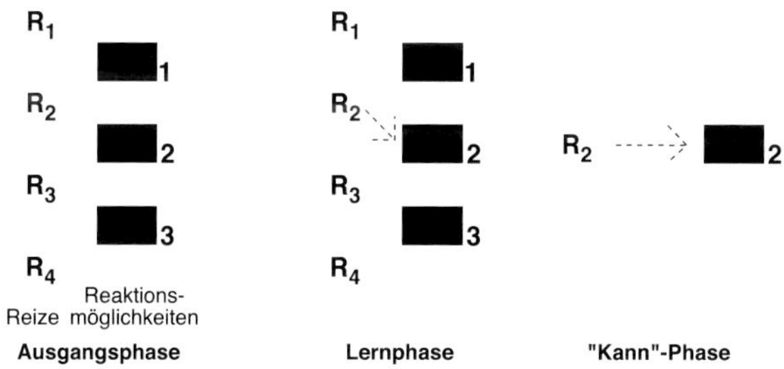

Reiz-Reaktionsschema der operanten Konditionierung

erlerntes Verhalten [Fortsetzung]

einfache Lernleistungen

- **Prägung**

  Kennzeichen

  - **sensible Phase** Lernen nur in einem kurzen Lebensabschnitt möglich
  - **irreversibles Lernergebnis**

  z.B.

  - **Nachfolgeprägung** bei nestflüchtenden Jungvögeln

    sensible Phase

    - **kurz nach dem Schlüpfen**

    Lernergebnis in der Natur

    - **Aussehen der Elterntiere**
    - **Nachfolgereaktion** auf Elterntiere

    Nachweis im Experiment

    - **Hervorrufen der Nachfolgereaktion** auf einen Menschen oder Gegenstand beim Erblicken in der sensiblen Phase

höhere Lernleistungen

- **Lernen durch Versuch und Irrtum** Kombination von bedingter Aktion mit bedingter Hemmung
- **Lernen durch Nachahmung** Übernehmen artfremder Verhaltensweisen in das eigene Verhalten
  - **akustische Nachahmung** (Spotten) bei Papageien und Rabenvögeln
  - **motorische Nachahmung** Übernehmen von Bewegungsfolgen; nur bei Affen

  Kennzeichen

  - **Traditionsbildung** Weitergabe des übernommenen Verhaltens an Jungtiere
- **Lernen durch Einsicht** problemlösendes, vorausschauendes Verhalten; bei Menschenaffen und ansatzweise bei Vögeln

  Kennzeichen u.a.

  - **Werkzeuggebrauch**

  Voraussetzungen

  - **averbales Denken** (unbenanntes Denken) Fähigkeit zur bildhaften Vorstellung
  - **abstrahierendes Denken** Fähigkeit zum Vergleich verschiedener Dinge; Fähigkeit zur Verallgemeinerung

    z.B.

    - **Erkennen gleicher Anzahl und/oder Form**
    - **Ausbildung von Wertvorstellungen**

Nestflüchter kommen voll entwickelt zur Welt: ausgebildetes Hör- und Sehvermögen, volle Behaarung/Befiederung, entwickeltes Bewegungs-/Gleichgewichtssystem, bei nestflüchtenden Vögeln selbständige Nahrungsaufnahme

Nesthocker Gegensatz von Nestflüchter; intensive Betreuung durch Elterntiere nötig

sexuelle Prägung bei Jungvögeln vor der Geschlechtsreife; Lernergebnis: Aussehen des Geschlechtspartners; von einer fremden Vogelart aufgezogene Männchen versuchen sich nach der Geschlechtsreife mit Weibchen der Fremdart zu paaren

Wertvorstellungen Menschenaffen bevorzugen im Experiment Plastikmarken, mit denen sie besonders begehrtes Futter aus Automaten erhalten können

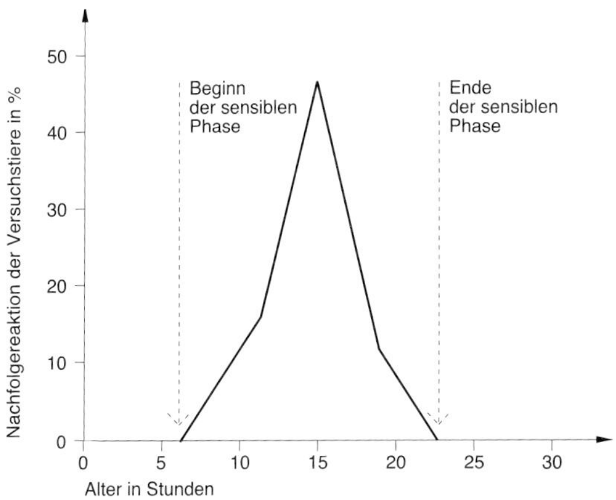

Nachfolgeprägung bei Entenküken

Sozialverhalten Verhalten von Tieren derselben Art zueinander

- **Tiergesellschaften** (Sozietäten, Tierverbände)
  man unterscheidet
  - **Scheingesellschaft** (Aggregation) Zusammenführen von Tieren derselben Art durch Umweltbedingungen, z.B. zum Überwintern
  - **offene anonyme Gesellschaft**
    z.B.
    - **Fischschwarm, Heuschreckenschwarm**
    Kennzeichen
    - **Mitglieder kennen einander nicht**
    - **ständiger Mitgliederwechsel**
    - **Sozialimitation** gleichzeitige Reaktion aller Tiere, z.B. Auffliegen nach einer Störung
  - **geschlossene anonyme Gesellschaft**
    z.B.
    - **Insektenstaaten**
    Kennzeichen
    - **Mitglieder kennen einander nicht**
    - **kein Mitgliederwechsel**
    - **Nestgeruch** als gemeinsames Erkennungsmerkmal; Töten von Tieren mit Fremdgeruch
  - **offene individualisierte Gesellschaft**
    z.B.
    - **Vogelbrutkolonie**
    Kennzeichen
    - **persönliches Kennen** nur unmittelbar zusammen lebender Tiere
    - **Mitgliederwechsel**
  - **geschlossene individualisierte Gesellschaft**
    z.B.
    - **Wolfsrudel**
    Kennzeichen
    - **persönliches Kennen** aller Mitglieder
    - **Mitgliederwechsel in Ausnahmefällen**
    - **Rangordnung** unter den Tieren
  Vorteile
  - **besserer Schutz** des Einzeltiers
  - **leichterer Nahrungserwerb** durch gemeinsame Jagd
  - **Arbeitsteilung** in geschlossenen Gesellschaften

Soziobiologie Zweig der Verhaltensforschung, der den Einfluss von Evolutionsfaktoren (z.B. durch Verwandten-Selektion) auf das Sozialverhalten von Tieren und Menschen untersucht, z.B. die Ausbildung von "eigennützigem" (Egoismus) oder "uneigennützigem" Verhalten (Altruismus)

Aggression bei Tieren

- **interspezifische Aggression** Angriff auf Tiere anderer Artzugehörigkeit
  Bedeutung
  - **Nahrungserwerb** bei Raubtieren
  - **Abwehr des Beutetiers** gegen das Raubtier
- **intraspezifische Aggression** Angriff auf Tiere der gleichen Art
  Bedeutung
  - **Erzielen einer Rangordnung**
    durch
    - **Imponieren** zur Schau stellen der Körpergröße durch Aufrichten von Haaren/Federn oder Abspreizen von Körperanhängen; ohne Kampftendenz
    - **Drohen** Zeigen der Körperbewehrung (Hörner, Geweihe, Zähne); mit Kampftendenz
    - **Kommentkampf** (Turnierkampf) nach bestimmten Regeln; i.a. ohne Verletzungen
    - **Beschädigungskampf** mit Verletzung des Gegners
    - **Beschwichtigungsverhalten** (Demutsverhalten) des Unterlegenen
      z.B.
      - **Abwenden der Körperbewehrung**
      - **Verkleinern der Körpergröße** durch Ducken
      - **Flucht**
      bewirkt
      - **Aggressionshemmung** beim Überlegenen
  - **Territorialität** Beanspruchung eines Reviers (Territoriums) gegen Fremdtiere/-gruppen der gleichen Art
    Reviertypen
    - **Dauerrevier** dauernd bewohnt und verteidigt
    - **zeitlich begrenztes Revier** nur für die Dauer bestimmter Aktivitäten beansprucht, z.B. zur Brutpflege
    - **Einzelrevier** Dauerrevier eines einzeln lebenden Tiers (Einzelgängers); Duldung eines Geschlechtspartners nur während der Paarungszeit
      Sonderform
      - **Individualdistanz** (kritische Distanz) von jedem Tier beanspruchter Freiraum; Unterschreiten nur Geschlechtspartner und Gruppenmitgliedern erlaubt
    - **Paarrevier** zeitlich begrenztes Revier eines Elternpaars zur Brutpflege, v.a. bei Vögeln
    - **Gruppenrevier** Dauer- oder zeitlich begrenztes Revier einer geschlossenen individualisierten Gesellschaft

Beschädigungskampf bis zum Tod nur bei fehlender Fluchtmöglichkeit des Unterlegenen

sozialer Stress physiologische Reaktionen auf dauerndes Unterschreiten der Indivdualdistanz; bei Spitzhörnchen: Haaresträuben (Abwehrreaktion), hoher Adrenalinspiegel, Aggressionen v.a. gegen Jungtiere, Verlust der Fortpflanzungsfähigkeit, Tod durch Kreislaufversagen

Aggression gegen Außenseiter bei Wirbeltieren und Mensch nachweisbar; im Verhalten und/oder Aussehen nicht der Gruppennorm entsprechende Individuen werden angegriffen

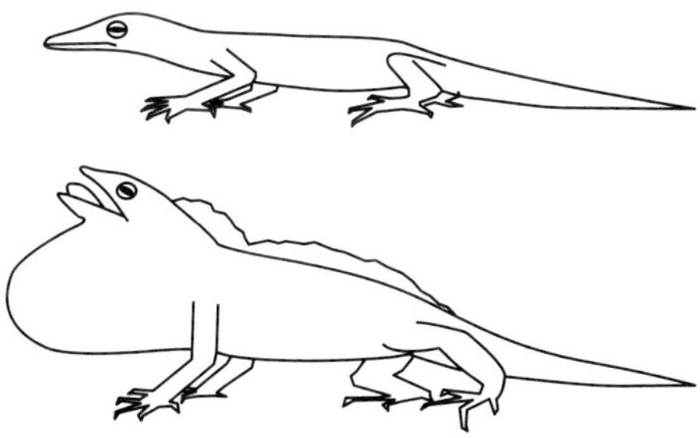

Imponieren durch Oberflächenvergrößerung

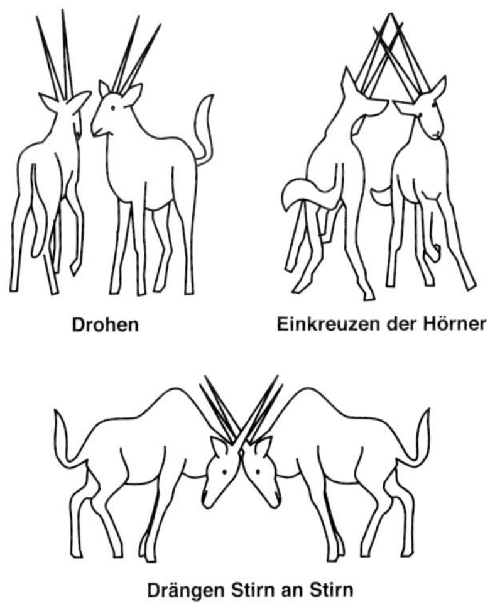

Kommentkampf zwischen Antilopenbullen

Aggression bei Tieren [Fortsetzung]
- **intraspezifische Aggression** [Fortsetzung]
    - *Bedeutung*
    - **Territorialität** [Fortsetzung]
        - *Revierabgrenzung durch*
        - **Markierung**
            - **Duftmarkierung** (olfaktorische Markierung)
                - *z.B. durch*
                - **Kot, Harn, Drüsensekrete**
            - **akustische Markierung**
                - *z.B. durch*
                - **Gesang** der Singvogelmännchen; angeboren oder erlernt
        - *Bedeutung*
        - **Sicherung von Nahrungsquellen und Brutpflege**

Kommunikation Weitergabe von Informationen als Schlüsselreize für Artgenossen
- **chemische Kommunikation**
    - *durch*
    - **Pheromone** Lockstoffe für Geschlechtspartner; wirken z.T. über große Entfernungen; v.a. bei Insekten
    - **Nestgeruch** gemeinsames Erkennungsmerkmal von Mitgliedern geschlossener anonymer Gesellschaften; z.B. bei Bienen
    - **Individualgeruch** Erkennungsmerkmal eines Mitglieds einer geschlossenen individualisierten Gesellschaft; z.B. bei Wölfen
- **akustische Kommunikation**
    - *durch*
    - **Kontaktlaute** (Kontaktrufe) getrennter Tiere
        - *z.B.*
        - **Kontaktrufe** zwischen Henne und Küken
        - **Wolfsgeheul**
    - **Warnlaute** (Warnrufe) häufig auch von Tieren anderer Arten verstanden
        - *z.B.*
        - **Warnruf** des Eichelhähers veranlasst auch Rehe zur Flucht
    - **Lockrufe** von Männchen zum Anlocken von Weibchen; z.B. bei Heuschrecken und Fröschen
- **optische Kommunikation**
    - *durch*
    - **Körpermerkmale**
        - *z.B.*
        - **buntes Gefieder** als Kennzeichen von Vogelmännchen
        - **auffallende Körperzeichnung** in der Paarungszeit (Hochzeitskleid); z.B. bei Fischen
    - **Bewegungen** häufig ritualisiert
    - **Lichtsignale** z.B. bei Glühwürmchen

Sprache erlernte akustische Kommunikation beim Menschen
sprachähnliche Kommunikation zwischen Menschenaffen und Mensch im Experiment durch Gebrauch der Taubstummensprache oder Verwendung von Plastiksymbolen

Bienensprache differenziertestes Informationssystem bei Wirbellosen; Kombination von optischer und chemischer Kommunikation

man unterscheidet

- **Rundtanz** Kreisbewegung der von der Futterquelle zurückkehrenden Arbeitsbiene
  Inhalt der Information
  - **geringe Entfernung der Futterquelle** < 100 m
  - **Art der Futterquelle** durch anhaftenden Geruch
- **Schwänzeltanz** Bewegungen der Arbeitsbiene in 8-Form
  Inhalt der Information
  - **genaue Entfernungsangabe** für die Futterquelle
    durch
    - **Geschwindigkeit** der Bewegungen
      - **langsame Bewegungen**
        entsprechen
        - **großer Entfernung** der Futterquelle; > 1 km
      - **schnelle Bewegungen**
        entsprechen
        - **kleinerer Entfernung** der Futterquelle; < 1 km
  - **Lage der Futterquelle**
    gegeben durch
    - **Winkelabweichung** der Bewegungsrichtung von der Senkrechten
      entspricht
      - **Winkel** zwischen Lage der Futterquelle und dem Sonnenstand
  - **Art der Futterquelle** durch anhaftenden Geruch

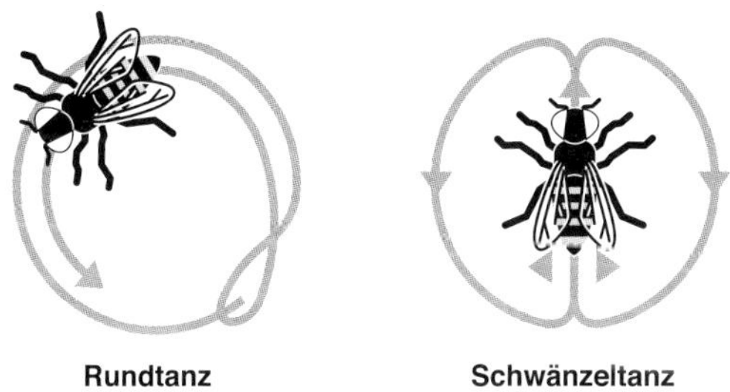

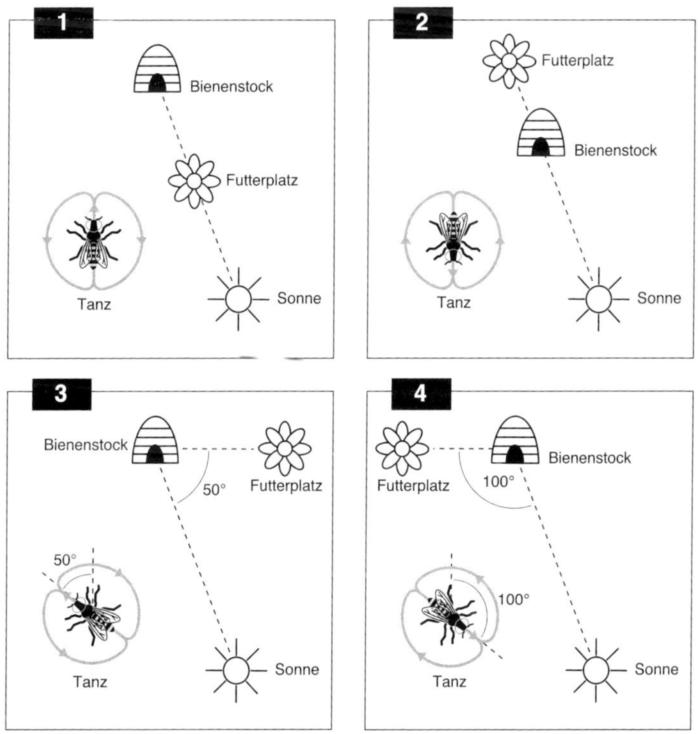

Richtung des Schwänzeltanzes einer Arbeitsbiene in Bezug zur Sonne

Sozialverhalten des Menschen Grundzüge angeboren; durch Lernen stark modifiziert

Formen

- **Aggression**
  Theorien zur Aggressionsentstehung
  - **Triebtheorie** Aggression ist angeboren
    Beweise
    - **Wutmimik/-gestik** bei taubblinden und gesunden Kindern gleich
    - **fehlende/gesteigerte Aggression** bei Geisteskranken
  - **Frustrations-Aggressions-Theorie** Aggression entsteht durch Nichtbefriedigen eines Triebs
    Beweis
    - **Wut** nach Versagen eines dringenden Wunschs
  - **Lerntheorie** Aggression wird durch Nachahmung erlernt
    Beweis
    - **Kampf mit Spielzeugwaffen** bei Kindern
  - **Interaktionsmodell** (bio-soziales Modell) integriert die verschiedenen Theorien zur Aggressionsentstehung
- **Territorialität** Beanspruchen von Dauer- und zeitlich begrenzten Revieren
  Dauerreviere z.B.
  - **Staat** Gruppenrevier
  - **Wohnung** Einzel- bzw. Paarrevier
    - **Individualdistanz** wird gegenüber Fremden gewahrt
      Unterschreiten führt zu
      - **Abwehrverhalten** Abwenden des Körpers/des Blicks
      - **Aggression** verbal oder durch Tätlichkeit
  Revierabgrenzung durch
  - **optische Markierung** z.B. Staatsgrenze, Gartenzaun
- **Rangordnung**
  zeigt sich z.B. durch
  - **Rangabzeichen** v.a. beim Militär
  - **Statussymbole** zur Darstellung von Wohlhabenheit
- **Kommunikation**
  mit
  - **Mimik/Gestik** angeborener Verhaltensanteil
  - **Sprache** erlernter Verhaltensanteil
- **Sozialisation** Eingliederung des Kindes in die Gesellschaft
  Voraussetzungen
  - **mindestens eine feste Bezugsperson** in den ersten Lebensjahren; primäre Sozialisation
  - **Kontaktmöglichkeit** zu anderen Kindern und Erwachsenen; sekundäre Sozialisation
  - **keine starke Einschränkung des Neugier- und Spielverhaltens**

Milgram-Experiment Nachweis der Unterordnungsbereitschaft unter Höherrangige; die meisten Versuchspersonen gehorchten dem Befehl eines "Professors", sich angeblich im Nebenraum befindende Versuchspersonen mit vorgetäuschten Stromschlägen zu bestrafen; 60% der Versuchspersonen waren trotz hörbarer "Schmerzensschreie" bereit, bis zu Stromstärken mit tödlicher Wirkung zu gehen

zeitlich begrenzte Reviere beim Menschen sind z.B. der Tisch im Restaurant oder der Liegeplatz am Strand

Hospitalismus (Deprivation) Verhaltens- und Entwicklungsstörungen bei mangelnder/fehlender Sozialisation; z.B. Apathie oder gesteigerte Aggression, stereotype Bewegungen, Zurückbleiben der körperlichen und geistigen Entwicklung

Neugier- und Spielverhalten Verhalten von Jungtieren und Kindern, gekennzeichnet von Lernen durch Versuch und Irrtum und Lernen durch Nachahmung

7. FORTPFLANZUNG UND ENTWICKLUNG

ungeschlechtliche Fortpflanzung (vegetative Fortpflanzung, asexuelle Fortpflanzung)

- **monocytogene ungeschlechtliche Fortpflanzung** (Agamogonie) neues Individuum geht aus einer teilungsfähigen Zelle hervor
  Beispiele
  - **Zweiteilung** von Einzellern
  - **Vielfachteilung** gleichzeitig bzw. nacheinander, z.B. bei manchen Algen, Pilzen und tierischen Einzellern
  - **Abtrennung von Einzelzellen** bei vielen Pflanzen
    erfolgt durch
    - **Körperzellen** (somatische Zellen)
    - **Sporen** (Agameten)
      oft gebildet in
      - **Sporangien** Sporenbehälter
- **polycytogene ungeschlechtliche Fortpflanzung** (vegetative Vermehrung) neues Individuum geht aus vielen teilungsfähigen Zellen hervor
  bei Pflanzen
  - **Weiterwachsen abgetrennter Pflanzenteile** z.B. bei der Wasserpest
  - **Bildung von Brutorganen**
    z.B.
    - **Knospen an Ausläufern** der Erdbeerpflanze
    - **Sprossknollen** bei der Kartoffelpflanze
    - **Wurzelknollen** bei der Dahlie
  bei Tieren
  - **Teilung ganzer Tiere**
    z.B.
    - **Längsteilung** beim Süßwasserpolypen
  - **Knospung** Tochtertier wächst an einer Knospungszone des Muttertieres
    - **Tierstockbildung** Tochtertiere trennen sich nicht vom Muttertier, z.B. bei Korallen

geschlechtliche Fortpflanzung (sexuelle Fortpflanzung, Gamogonie)

Kennzeichen
- **Bildung von Gameten** (Keimzellen, Geschlechtszellen) durch Meiose; mit haploidem Chromosomensatz
- **Befruchtung** Verschmelzung der haploiden Keimzellen
  mit
  - **Plasmogamie** Plasmavereinigung der Keimzellen
  - **Karyogamie** Kernvereinigung der Keimzellen
  liefert
  - **Zygote** befruchtete Eizelle; diploid

Bedeutung
- **Rekombination des Erbguts und genetische Variabilität**

ungeschlechtliche Fortpflanzung Vorteil: rasche Vermehrung; Nachteil: Gefahr der Degeneration durch fehlende Rekombination des Erbguts

Klon genetisch identische Individuen, die durch mitotische Teilung aus einem einzigen Individuum hervorgegangen sind; Ergebnis vegetativer Fortpflanzung

Pfropfung künstliche vegetative Fortpflanzung z.B. bei Obstbäumen; Einpflanzen eines knospentragenden Sprossstückes auf den Spross einer anderen Pflanze

Stecklingsvermehrung künstliche vegetative Fortpflanzung bei Pflanzen; Pflanzenteile werden in feuchter Erde oder in Wasser zur Bewurzelung gebracht

Amphimixis Fremdbefruchtung; im Pflanzen- und Tierreich bevorzugt

Automixis Selbstbefruchtung

Gamone Sexuallockstoffe der Gameten

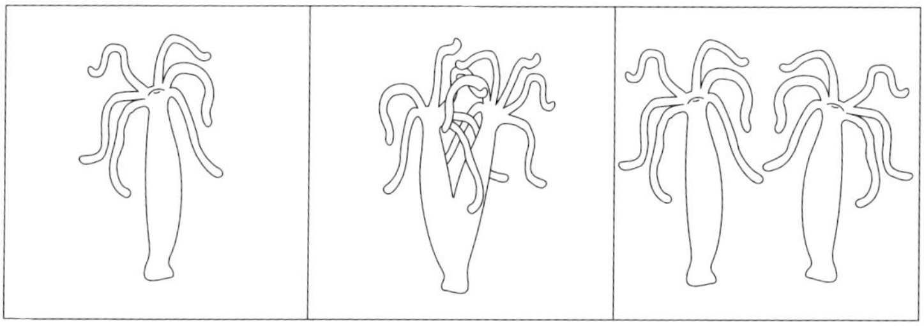

Längsteilung des Süßwasserpolypen

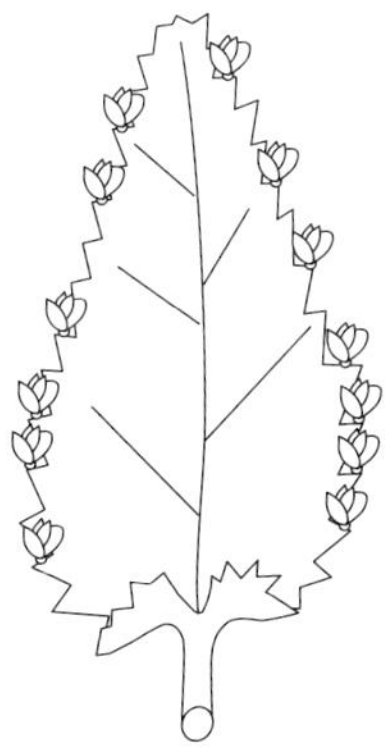

Brutknospenbildung am Blatt einer Brutblattpflanze

Befruchtungsarten

z.B.

- **Konjugation** z.B. bei Wimpertierchen (Ciliaten)
  - *Kennzeichen*
  - **Kerndimorphismus** (Kerndualismus) Differenzierung zweier Zellkerntypen
    - **Makronucleus** somatischer bzw. vegetativer Kern
    - **Mikronucleus** generativer Kern
  - *Phasen*
  - **Aneinanderlegen zweier Zellen**
  - **Plasmabrückenbildung**
  - **Makronucleusauflösung** zu Beginn der Konjugation
  - **meiotische Mikronucleusteilung**
    - *führt zu*
    - **drei zugrunde gehenden haploiden Kernen**
    - **einem überlebenden haploiden Kern**
  - **mitotische Teilung des überlebenden Kerns**
    - *in*
    - **Wanderkern**
    - **stationären Kern**
  - **Eindringen des Wanderkerns in die Partnerzelle** über Plasmabrücke
  - **Zygotenbildung** durch Verschmelzen des Wanderkerns mit dem stationären Kern
    - *anschließend*
    - **mitotische Bildung von Mikro- und Makronucleus**
- **Gametogamie** (Merogamie) Verschmelzen von zwei geschlechtlich verschiedenen Gameten
  - **Isogamie** Verschmelzen von morphologisch gleichen (+)- und (-)-Gameten
    - *bei*
    - **vielen Algen und Pilzen**
  - **Anisogamie** Verschmelzen von beweglichen männlichen Mikro- und beweglichen weiblichen Makrogameten
    - *bei*
    - **vielen Algen und Pilzen**
  - **Oogamie** Verschmelzen von unbeweglichen weiblichen Gameten mit beweglichen männlichen Gameten
    - *z.B. bei*
    - **Moosen** (Brypohyten)
    - **Farnen** (Pteridophyten)
    - **Samenpflanzen** (Spermatophyten)
      - **nacktsamige Pflanzen** (Gymnospermen)
      - **bedecktsamige Pflanzen** (Angiospermen)
    - **vielzelligen Tieren** (Metazoen)

Gametangium Gametenbehälter bei Thallophyten; man unterscheidet Oogonien (weibliche Gametangien) und Spermangien (männliche Gametangien)
Archegonien weibliche Gametangien bei Moosen und Farnen
Antheridien männliche Gametangien bei Moosen und Farnen
Somatogamie Befruchtungsart bei Pilzen; Verschmelzen von Körperzellen und ihren Kernen
Gametangiogamie Befruchtungsart bei Pilzen; Verschmelzen von Gametangien und sexuell differenzierten Kernen
Zwitter Individuum mit männlichen und weiblichen Geschlechtsorganen; v.a. Wirbellose und Pflanzen; um Fremdbefruchtung zu sichern, begatten sich zwittrige Tiere wechselseitig; bei Pflanzen entwickeln sich Staub- und Fruchtblätter bzw. männliche und weibliche Blüten nacheinander

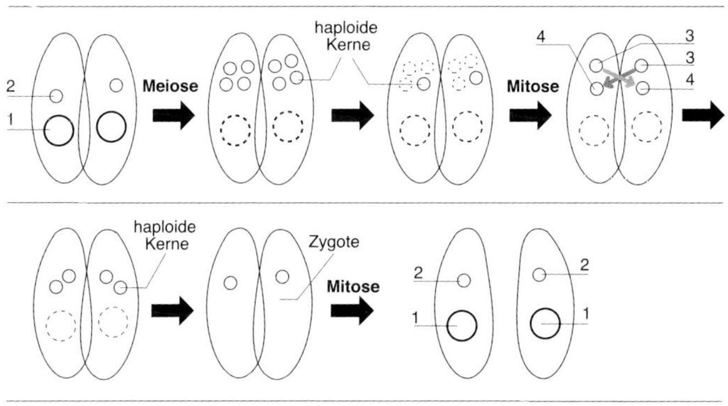

1 Makronucleus 2 Mikronucleus 3 Wanderkerne 4 stationäre Kerne

Konjugation bei Wimpertierchen

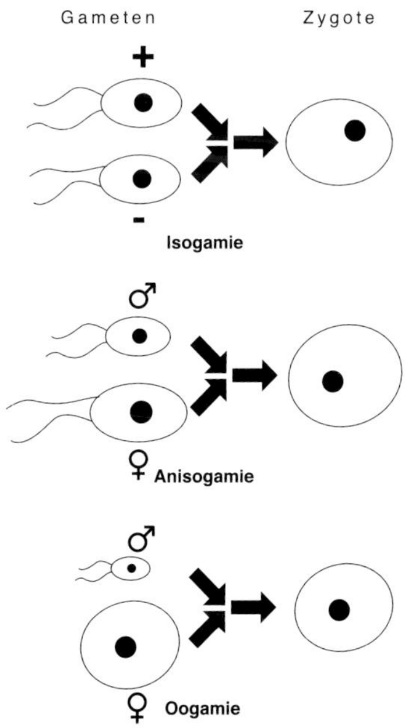

Gametogamie (Befruchtungstypen)

Generationswechsel periodischer oder unregelmäßiger Wechsel zwischen einer sich geschlechtlich und einer oder mehreren sich ungeschlechtlich fortpflanzenden Generationen

- **primärer Generationswechsel** Wechsel zwischen ursprünglich ungeschlechtlicher und geschlechtlicher Fortpflanzung
  - **homophasischer Generationswechsel**
    Kennzeichen
    - **alle Generationen entweder diploid oder haploid**
    bei
    - **Algen und Pilzen**
  - **heterophasischer Generationswechsel**
    Kennzeichen
    - **haploide geschlechtliche Generation**
      - **Gametophyt/Haplont**
        trägt
        - **Gametangien** Gametenbehälter
    - **diploide ungeschlechtliche Generation**
      - **Sporophyt/Diplont**
        trägt
        - **Sporangien** Sporenbehälter
    bei
    - **vielen Algen und Pilzen**
    - **allen Moosen, Farn- und Samenpflanzen**
- **sekundärer Generationswechsel** Wechsel zwischen geschlechtlicher und sekundär erworbener ungeschlechtlicher Fortpflanzung; homophasisch
  bei
  - **vielzelligen Tieren**
  man unterscheidet
  - **Metagenese** Wechsel zwischen geschlechtlicher und vegetativer Fortpflanzung
    z.B. bei
    - **Hohltieren**
  - **Heterogonie** Wechsel zwischen geschlechtlicher und parthenogenetischer Fortpflanzung
    z.B. bei
    - **Blattläusen**

isomorpher Generationswechsel Sporophyt und Gametophyt sind morphologisch gleich

heteromorpher Generationswechsel Sporophyt und Gametophyt sind verschieden

Sporogon gestielte Sporenkapsel (Sporophyt) bei Laubmoosen; sitzt auf grüner Moospflanze (Gametophyt)

Prothallium kleiner Gametophyt bei Farnpflanzen; Sporophyt ist die aus dem Prothallium wachsende Farnpflanze

Parthenogenese (Jungfernzeugung) Entwicklung haploider Individuen aus unbefruchteten Eizellen, v.a. bei Insekten (z.B. Drohnen der Honigbiene); auch künstlich durch Chemikalien, mechanische Reize oder Temperaturerhöhung auslösbar

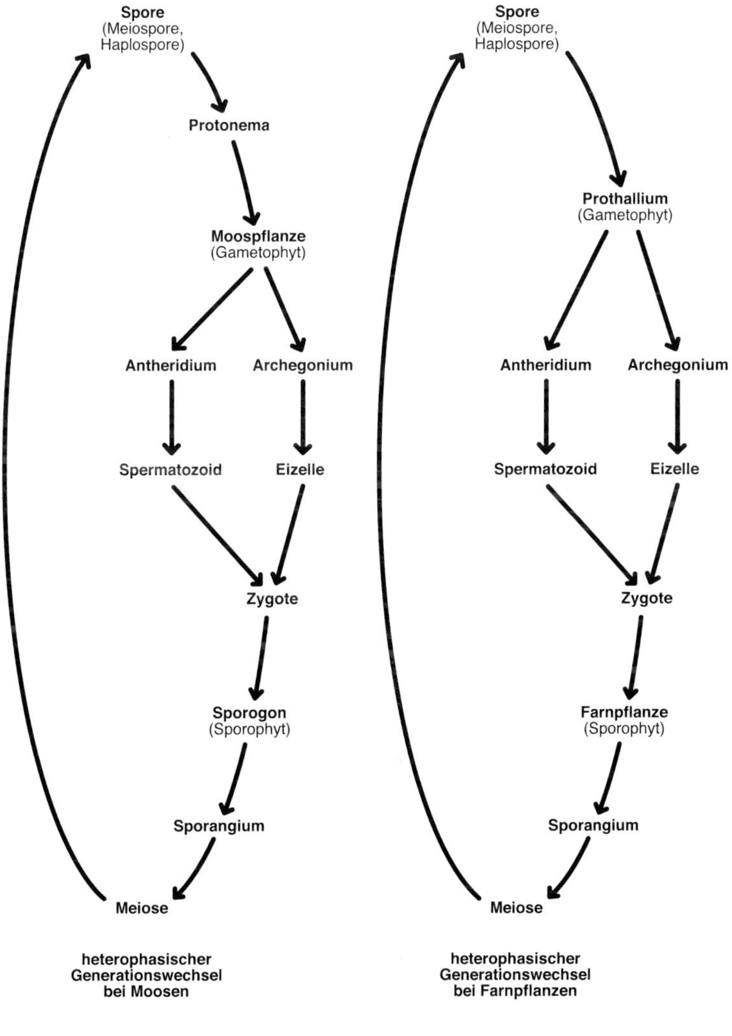

Generationswechsel

Bau und Entwicklung der bedecktsamigen Pflanzen (Angiospermen)

- **Blüte** Spross begrenzten Wachstums

  man unterscheidet
  - **Einzelblüte**
  - **Blütenstand** (Infloreszenz) aus Einzelblüten zusammengesetzt

  Bau einer Einzelblüte
  - **Kelchblätter** steril; bilden den Kelch unter den Kronblättern
  - **Kronblätter** steril; bilden die Blütenkrone
  - **Staubblätter** (Stamina) männliche Geschlechtsorgane

    Bau
    - **Staubfaden** (Filament)
    - **Staubbeutel** (Anthere)

      Bau
      - **zwei Theken** verbunden durch Konnektiv

        enthalten
        - **Pollensäcke** (Mikrosporangien); zwei Pollensäcke pro Theka
  - **Fruchtblätter** (Karpelle) weibliche Geschlechtsorgane

    Bau
    - **Fruchtknoten** (Ovar) unterer, fertiler Abschnitt

      umschließt
      - **Samenanlagen**
    - **Narbe** (Stigma) oberer, steriler Abschnitt; nimmt Pollen auf
    - **Griffel** verbindet Narbe und Fruchtknoten

Angiospermen Blütenpflanzen; die Samenanlagen sind im Fruchtknoten eingeschlossen

Gymnospermen nacktsamige Pflanzen, deren Samenanlagen offen auf den Fruchtblättern liegen; bekannteste Gruppe sind die Nadelhölzer (Coniferen)

Einhäusigkeit (Monöcie) Zwittrigkeit bei Samenpflanzen (Regelfall); Staub- und Fruchtblätter befinden sich gemeinsam in einer Blüte oder in getrenntgeschlechtlichen Blüten auf derselben Pflanze

Zweihäusigkeit (Diöcie) Getrenntgeschlechtlichkeit bei Samenpflanzen, z.B. beim Waldgeißbart

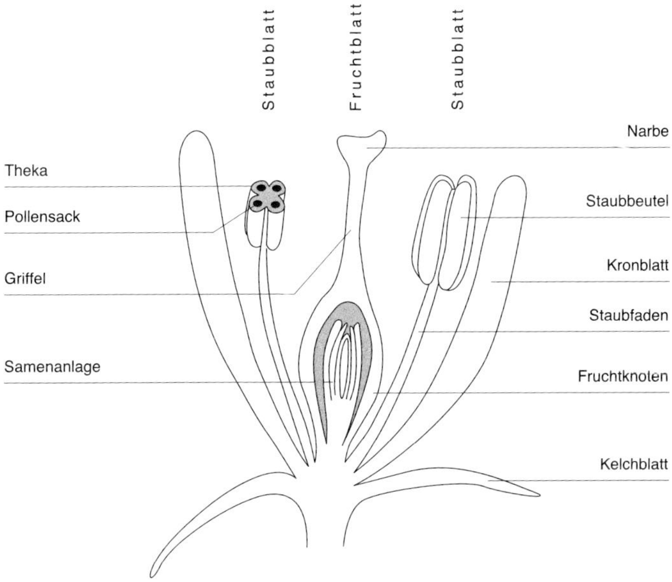

Bau einer Angiospermenblüte

Bau und Entwicklung der bedecktsamigen Pflanzen [Fortsetzung]

- **männliche Keimzellenbildung**
  - *Bildungsort*
  - **Pollensäcke** in den Theken der Staubbeutel
  - *Ablauf*
  - **Bildung von Archesporzellen** aus dem Archespor (Bildungsgewebe) der Pollensäcke; mitotisch
    - *führt zu*
    - **diploiden Pollenmutterzellen**
  - **Mikrosporogenese** Bildung von Mikrosporen aus Pollenmutterzellen; meiotisch
    - *führt zu*
    - **vier haploiden Mikrosporen** pro Pollenmutterzelle; einzellig
  - **Mikrogametogenese** (Pollenmitose) mitotische Teilung der Mikrosporen
    - *führt zu*
    - **zwei haploiden Zellen** aus jeder Mikrospore
      - **vegetative Zelle**
      - **generative Zelle**
      - *bilden zusammen*
      - **Pollenkorn** mit Doppelmembran
  - **Pollenschlauch-Mitose** der generativen Zelle des Pollenkorns; nach der Blütenbestäubung
    - *führt zu*
    - **zwei Spermazellen** männliche Keimzellen
    - **Pollenschlauchbildung** im Griffelgewebe durch vegetative Zelle des Pollenkorns

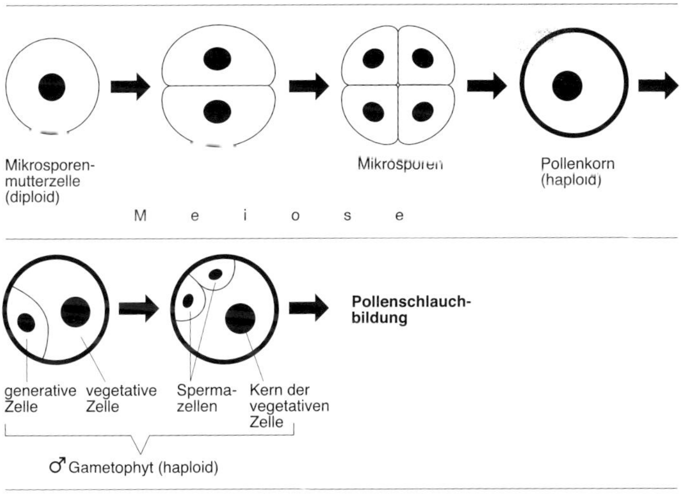

männliche Keimzellenbildung bei Angiospermen

Bau und Entwicklung der bedecktsamigen Pflanzen [Fortsetzung]

- **weibliche Keimzellenbildung**
  - *Bildungsort*
  - **Fruchtknoten** (Ovar) aus Fruchtblättern
    - *mit*
    - **Samenanlagen** eiförmig
      - *mit*
      - **zwei Integumenten** Hüllen der Samenanlagen
      - **Mikropyle** Öffnung zwischen den Integumenten
  - *Ablauf*
  - **Bildung einer diploiden Embryosackmutterzelle** in der Samenanlage
  - **Makrosporogenese** Bildung von vier haploiden Makrosporen aus einer Embryosackmutterzelle; meiotisch
    - *führt zu*
    - **einer primären Embryosackmutterzelle** Makrospore
    - **drei haploiden Makrosporen** gehen zugrunde
  - **Makrogametogenese** Bildung von acht haploiden Zellen aus der primären Embryosackmutterzelle; mitotisch
    - *führt zu*
    - **Embryosack**
      - *mit*
      - **Eiapparat**
        - *mit*
        - **Eizelle** weibliche Keimzelle
        - **zwei Synergiden**
      - **zwei Polkernen**
        - *verschmelzen zum*
        - **diploiden sekundären Embryosackkern**
      - **drei Antipoden** gehen zugrunde
- **Bestäubung und Befruchtung**
  - *Phasen*
  - **Bestäubung** Belegung der Narben mit Pollen
  - **Pollenschlauchbefruchtung** (Siphonogamie) Pollenschlauch entleert beide Spermazellen in den Embryosack
  - **doppelte Befruchtung**
    - **Bildung der Zygote** durch Verschmelzen der einen Spermazelle mit der Eizelle
    - **Bildung des triploiden Endospermkerns** durch Vereinigung der anderen Spermazelle mit dem diploiden sekundären Embryosackkern

Bestäubung man unterscheidet Windbestäubung bei Gymnospermen, Gräsern und frühblühenden Angiospermen (z.B. beim Haselnußstrauch) und Bestäubung durch Tiere, v.a Insekten, in den Tropen auch Vögel

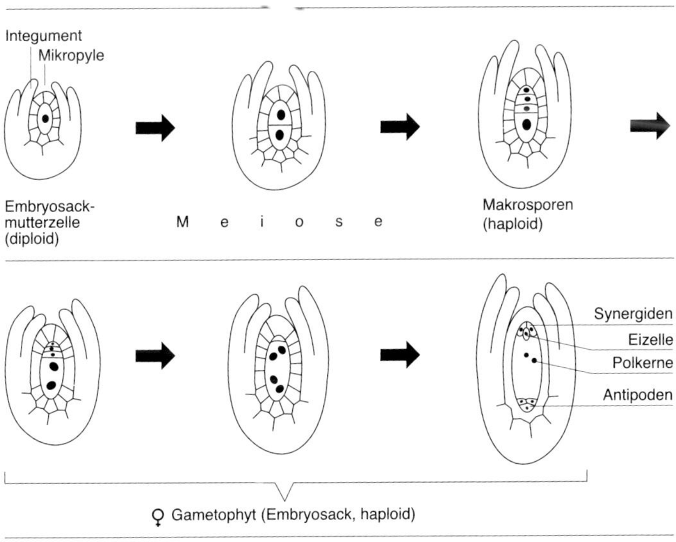

weibliche Keimzellenbildung bei Angiospermen

Bau und Entwicklung der bedecktsamigen Pflanzen [Fortsetzung]

- **Entwicklung von Same und Frucht**
  - **Entstehung des Endosperms** aus triploidem Endospermkern; Nährgewebe des Embryos
  - **Proembryobildung** Bildung eines Zellfadens durch mitotische Teilung der Zygote
  - **Embryobildung** aus einer Endzelle des Proembryos

    Embryo mit
    - **einem oder zwei Keimblättern** (Kotyledonen)
    - **Sprossvegetationspunkt**
    - **Keimwurzel** (Radicula) zur Mikropyle gerichtet
  - **Bildung der Samenschale** aus den Integumenten
  - **Bildung einer mehrschichtigen Fruchtwand** (Perikarp) aus Fruchtknotenwand; mehr oder weniger fleischig (Fruchtfleisch)
- **Samenkeimung**
  - **Keimruhe** Ruhephase des Samens

    Ursachen z.B.
    - **wasser- und sauerstoffundurchlässige Samenschale**
    - **zu niedrige/zu hohe Temperatur**
    - **keimungshemmende Substanzen** z.B. Abscisinsäure
    - **Lichteinwirkung bzw. Dunkelheit**

  auslösende Ursachen
  - **Wasser- und Sauerstoffzufuhr**
  - **Temperaturerhöhung/-erniedrigung**
  - **Abbau keimungshemmender Substanzen**
  - **Aktivierung des Phytochromsystems** durch Licht

Entwicklung der Sprossachse einer Gehölzpflanze

durch
- **Apikalmeristeme** Bildungsgewebe der Sprossachsen- und Wurzelspitzen

  bilden
  - **primäre Gewebe**
    - **Epidermis** primäres Abschlussgewebe
    - **primäres Phloem** zum Assimilattransport; mit Siebröhren und Geleitzellen
    - **primäres Xylem** zum Wassertransport; mit Tracheen und Tracheiden
    - **Grundgewebe** z.B. Mark im Zentrum der Sprossachse und Markstrahlen zwischen den Leitbündeln
- **Lateralmeristeme** (Kambien) Meristeme in der Sprossachse; bewirken sekundäres Dickenwachstum von Gehölzen

  bilden
  - **sekundäre Gewebe**
    - **sekundäres Phloem** (Bast) aus dem fascikulären Kambium
    - **sekundäres Xylem** (Holz) aus dem fascikulären Kambium
    - **sekundäres Abschlussgewebe** (Borke) aus dem Korkkambium

Quellung Wasseraufnahme des Samens; Keimungsvoraussetzung
Frostkeimer keimen nach Einwirkung von Frost
Stratifikation Induktion der Samenkeimung durch niedrige Temperaturen
Lichtkeimer keimen nur bei Licht
Dunkelkeimer keimen nur bei Dunkelheit
epigäische Keimung Keimblätter gelangen über den Boden und übernehmen autotrophe Ernährung
hypogäische Keimung Keimblätter bleiben im Boden und Primärblätter übernehmen autotrophe Ernährung
Samenverbreitung durch den Wind, z.B. beim Löwenzahn, durch Gefressenwerden der Früchte, z.B. beim Kirschbaum, Hängenbleiben der Früchte am Fell/Gefieder, z.B. bei der Klette, oder durch Ameisen, die von den Ölkörpern (Elaiosomen) bestimmter Samen, z.B. des Lerchensporns, angelockt werden
fascikuläres/interfascikuläres Kambium in den Leitbündeln zwischen Xylem und Phloem und zwischen den Leitbündeln liegendes Bildungsgewebe; durch Neubildung von Leitgewebe im Jahresrhythmus entstehen die Jahresringe der Bäume

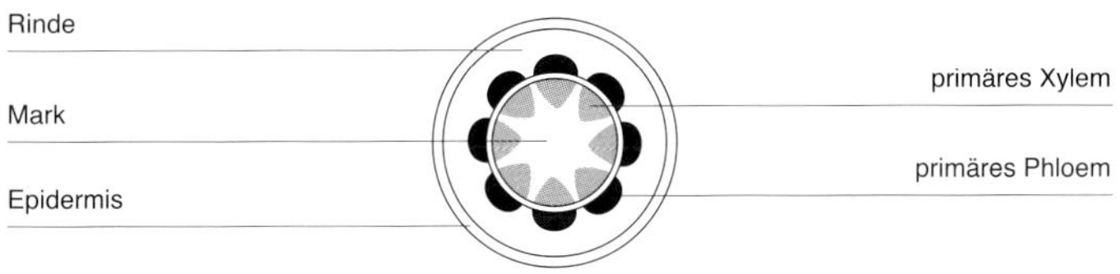

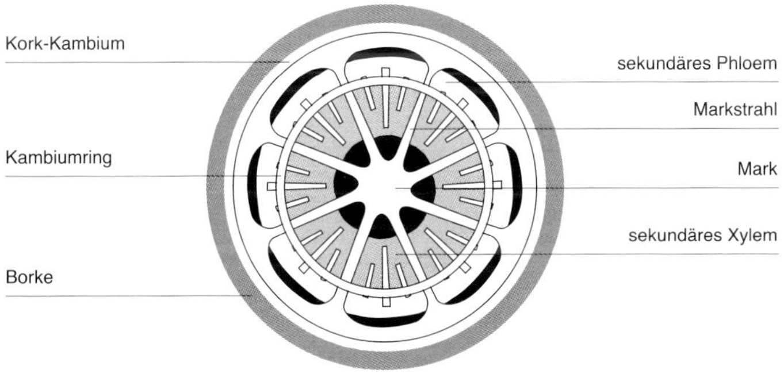

sekundäres Dickenwachstum der Sprossachse zweikeimblättriger Gehölze

Regulation des Pflanzenwachstums

- **Regulation durch innere Faktoren**
    - **intrazelluläre Regulation**

      durch
        - **differentielle Genaktivierung/-inaktivierung**
        - **Regulation der Enzymaktivität**
    - **interzelluläre Regulation**

      durch
        - **Phytohormone**
- **Regulation durch äußere Faktoren** setzen intra- und interzelluläre Regulationsmechanismen in Gang
    - **Regulation durch biotische Faktoren**

      z.B. durch
        - **Infektion mit Mikroorganismen** z.B. Pilzen; beeinflusst die Genaktivität befallener Pflanzen mit spezifischen Substanzen
    - **Regulation durch abiotische Faktoren**

      z.B. durch
        - **Temperatur**
        - **Licht**

          steuert
            - **Photosynthese**
            - **Photomorphogenese** Gestaltbildung der Pflanze unter Lichteinfluss

              z.B. möglich durch
                - **Phytochromsystem** lebender Zellen

Phytochromsystem

(Hellrot-Dunkelrot-Pigmentsystem) in zwei Zustandsformen existierendes Chromoproteid

- **Phytochrom 660** (P 660, P_r) entsteht aus Phytochrom 730 durch Bestrahlung mit Dunkelrot der Wellenlänge 730 nm; Absorptionsmaximum bei 660 nm

  Kennzeichen
    - **physiologisch inaktiv**
- **Phytochrom 730** (P 730, P_{fr}) entsteht aus Phytochrom 660 durch Bestrahlung mit Hellrot der Wellenlänge 660 nm

  Kennzeichen
    - **physiologisch aktiv**

      durch
        - **Genaktivierung/-inaktivierung**

Funktion z.B.

- **Induktion der Samenkeimung** bei Lichtkeimern
- **bei Photonastien**

Etiolement (Vergeilung) Photomorphose bei Lichtmangel; extremes Längenwachstum der Sprossachse, fehlendes Chlorophyll, verkümmerte Blätter und schwaches Festigungsgewebe; bei Bestrahlung mit hellrotem Licht Übergang zu normalem Wachstum; praktische Anwendung des Etiolement z.B. beim Spargelanbau

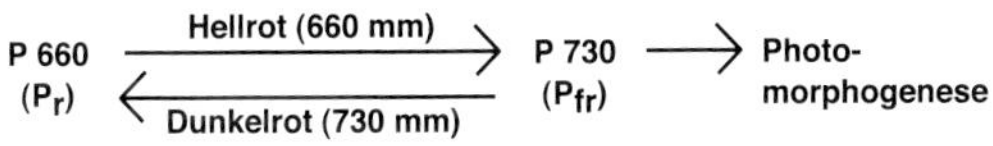

Phytochromsystem

männliche Keimzellenbildung (Spermatogenese) bei vielzelligen Tieren in den Hoden

Phasen

- **Bildung diploider Ur-Samenzellen** (Spermatogonien) durch Mitose
  führt zu
  - **Spermatocyten 1. Ordnung** entsprechen Pollenmutterzellen der Blütenpflanzen
- **Spermatogenese** Bildung haploider Spermatocyten 2. Ordnung aus Spermatocyten 1. Ordnung
  - **erste Reifeteilung** meiotisch
    führt zu
    - **zwei Spermatocyten 2. Ordnung** haploid
  - **zweite Reifeteilung** mitotisch
    führt zu
    - **vier haploiden Spermatiden**
- **Spermiogenese** Umgestaltung der Spermatiden in reife bewegliche Spermien

weibliche Keimzellenbildung (Oogenese) bei vielzelligen Tieren in den Eierstöcken

Phasen

- **Bildung diploider Ur-Eizellen** (Oogonien) durch Mitose
  führt zu
  - **Oocyten 1. Ordnung**
- **Oogenese** Bildung der Eizelle aus Oocyte 1. Ordnung
  - **erste Reifeteilung** meiotisch
    führt zu
    - **Oocyte 2. Ordnung** haploid
    - **einem Richtungskörper**
  - **zweite Reifeteilung** mitotisch
    führt zu
    - **Eizelle** haploid; polarer Bau; von Follikelzellen umgeben
    - **drei Richtungskörpern** die Symmetrieachse der Eizelle bestimmend

Befruchtung bei vielzelligen Tieren

Phasen

- **Besamung der Eizelle**
  - **äußere Besamung** bei Wassertieren
  - **innere Besamung** bei Landtieren und allen Säugetieren
    möglich durch
    - **Begattung** Körperkontakt der Geschlechtspartner
    - **Kopulationsorgane** z.B. Penis bei Säugetieren, einigen Reptilien und Vögeln
- **Aktivierung der Eizelle** Abschluss der Meiose nach der Besamung
- **Bildung einer Befruchtungsmembran** verhindert Eindringen mehrerer Spermien
- **Verschmelzen der Kerne** durch Plasmaströmung

Spermien männliche Gameten bei Tieren; bestehen aus einem Kopfstück, Zwischenstück und einem Schwanzfaden

Gonaden Keimdrüsen; Hoden und Eierstöcke

weibliche Keimzellenbildung beim Menschen bereits in der Fetalzeit abgeschlossen

Polarität physiologische Ungleichwertigkeit zweier Pole einer Zelle oder eines Organs durch Gradientenbildung (Ungleichverteilung von Substanzen bzw. Ladung durch Ionen); wichtiger Faktor der räumlichen Anordnung von Strukturen bei Pflanzen und bei der Embryonalentwicklung der Tiere; bei tierischen Eizellen unterscheidet man einen animalen und einen vegetativen Pol (mit Häufung des Dotters bei dotterreichen Eizellen); bei Amphibieneizellen durch den grauen Halbmond getrennt

extrakorporale Befruchtung Methode der modernen Reproduktionsbiologie; Befruchtung außerhalb des mütterlichen Körpers nach Entnahme mehrerer reifer Eizellen; Rückverpflanzung eines oder mehrerer embryonaler Anfangsstadien (Embryotransfer) in den Uterus der Mutter oder einer anderen Frau (Leihmutter); Therapie bei Unfruchtbarkeit durch Eileiterverschluß (Erfolgsrate ca. 30%); Leihmutterschaft inzwischen verboten; Gefahr des Missbrauchs "überzähliger" Embryonen zu Experimentalzwecken; in der Tierzucht zur Vermehrung von Hochleistungstieren vielfach angewandt

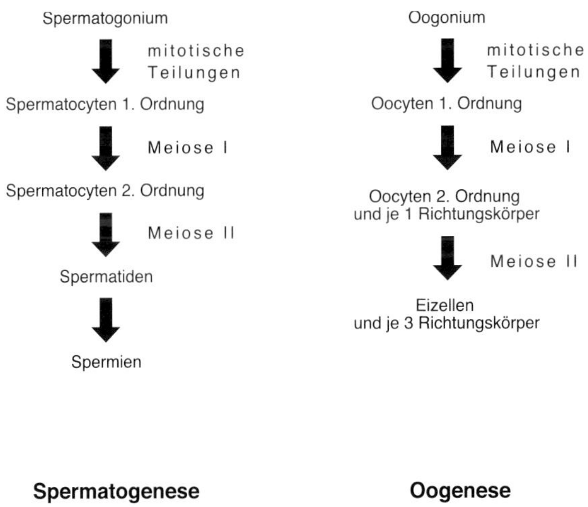

Keimesentwicklung (Ontogenie, Ontogenese) bei vielzelligen Tieren

- **Furchung** mitotische Teilungen der Zygote
  führt zu
  - **Blastomeren** durch Furchung entstehende Zellen
  man unterscheidet
  - **totale Furchung** vollständige Teilung der Zygote
    - **total-äquale Furchung** Blastomeren gleich groß
      bei
      - **dotterarmen Eizellen** (oligolecithalen Eizellen) z.B. der Säuger
    - **total-inäquale Furchung** Blastomeren unterschiedlich groß
      bei
      - **dotterreichen Eizellen** (mesolecithalen Eizellen) z.B. der Amphibien
  - **partielle Furchung** unvollständige Teilung
    - **discoidale Furchung** Blastomeren bilden eine Scheibe (Keimscheibe) auf der Dottermasse
      bei
      - **sehr dotterreichen Eizellen** (polylecithalen Eizellen) z.B. der Vögel
    - **superficielle Furchung** Blastomeren umgeben die Dottermasse
      bei
      - **sehr dotterreichen Eizellen** z.B. der Insekten
  Abschluss der Furchung
  - **Blastula** Kugel aus Blastomeren; mit Hohlraum (Blastocoel) oder massiv
- **Gastrulation** Keimblattbildung
  z.B. durch
  - **Invagination** (Einstülpung) der hohlen Blastula (Coeloblastula); einfachste Gastrulationsform, z.B. beim Seeigel
  - **Delamination** (Abblätterung) Einwanderung von Zellen bei massiver Blastula, z.B. bei Vögeln und Säugern
  man unterscheidet
  - **Ektoderm** äußeres Keimblatt
  - **Entoderm** inneres Keimblatt; bildet den Urdarm
  - **Mesoderm** mittleres Keimblatt; entsteht zwischen Ekto- und Entoderm
    Mesodermbildungen bei Chordatieren
    - **Chorda** (Achsenstab) oberhalb des Urdarms
    - **Somiten** Mesodermsäckchen beiderseits des Urdarms; segmental angeordnet
- **Neurulation** Bildung des ZNS; nur bei Chordatieren
  Phasen
  - **Bildung der Neuralrinne** durch Einfaltung des Ektoderms in der Körpermittellinie
  - **Bildung des Neuralrohrs** durch Schließen der Neuralrinne

erste Furchungsteilung geschieht längs der Symmetrieachse der Eizelle durch den animalen und vegetativen Pol

Mikromeren die kleinen Blastomeren der total-inäqualen Furchung

Makromeren die großen Blastomeren der total-inäqualen Furchung

Protostomier (Urmundtiere) das bei der Invagination der Coeloblastula entstehende Loch (Urmund) wird zum Mund, der After bricht sekundär durch; fast alle Wirbellosen

Deuterostomier (Neumundtiere) der Urmund wird zum After, der Mund bricht sekundär durch; Stachelhäuter, Manteltiere und Chordatiere

primäre Leibeshöhle das Blastocoel der Coeloblastula

sekundäre Leibeshöhle (Coelom) vom Mesoderm umschlossener Hohlraum; beim Menschen der Spalt zwischen Brust- und Rippenfell sowie äußerem und innerem Bauchfell

Keimblattderivate sich aus den Keimblättern entwickelnde Organe; Haut, Nervensystem und Sinnesorgane: ektodermal; z.B. Lunge, Darm, Leber und Harnblase: entodermal; z.B. Skelett, Muskulatur, Bindegewebe und Nieren: mesodermal

Keimbahn Entstehung der Gameten unabhängig von Keimblättern; bei manchen Tieren entwickeln sich die Gameten aus bestimmten Plasmabezirken der Zygote bzw. aus bestimmten Blastomeren

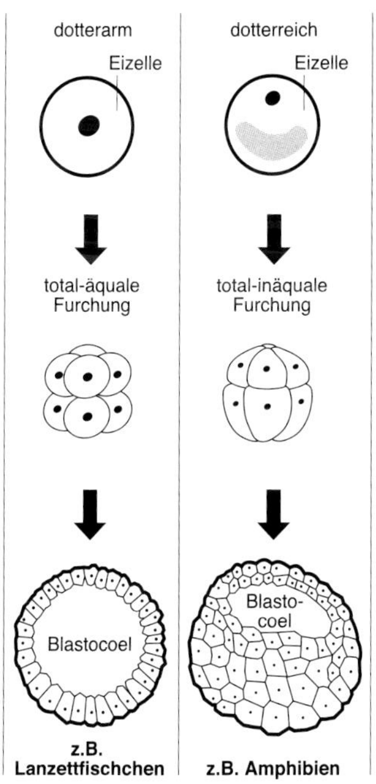

Furchungs- und Blastulatypen

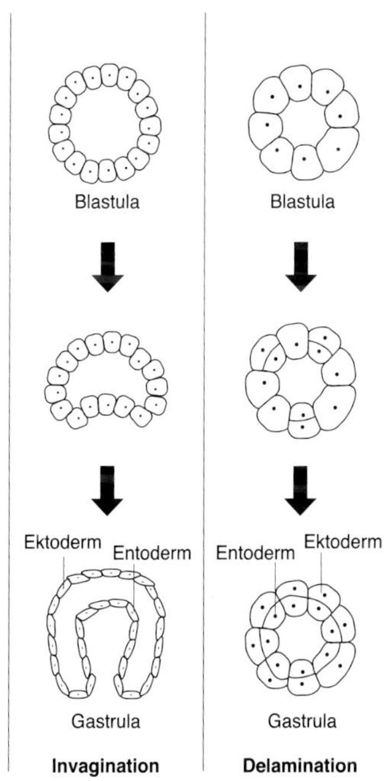

Gastrulationstypen

Entwicklung des Menschen

- **Embryonalphase** von der Befruchtung bis zur 8. Woche
  Entwicklungsstadien
  - **Zygote** ohne Dotter
  - **Morula** durch total-äquale Furchung entstandenes 32-Zellstadium
  - **Blastocyste** nistet sich nach sechs Tagen in der Uterusschleimhaut ein
    man unterscheidet
    - **Trophoblast** äußere Zellschicht; dient der Ernährung
      Entwicklung zu
      - **Chorion** (Zottenhaut) embryonaler Anteil der Placenta
        mit
        - **Zotten** lösen mütterliche Blutgefäßwände auf
    - **Embryoblast** (Embryonalknoten) innerer Zellhaufen
      Bildungen
      - **Embryocyste** Hohlraum im Embryoblast
        Entwicklung zu
        - **Amnionhöhle** (Fruchtblase) enthält Fruchtwasser
          Funktion
          - **Schutz des Embryos**
        - **Dottersack** beim Menschen ohne Dotter
          - **Allantois** (embryonaler Harnsack) Ausstülpung des Dottersacks; Ausscheidungsorgan
      - **Keimscheibe** (Keimschild) anfangs zweischichtige Embryonalanlage zwischen Amnionhöhle und Dottersack
        mit
        - **Ektoderm**
        - **Entoderm**
        - **Mesoderm** gebildet durch Einwandern von Zellen zwischen Ekto- und Entoderm
          Differenzierungen des Mesoderms
          - **Primitivstreifen** in der Keimscheibenmittellinie
          - **Primitivgrube** Grube am Keimscheibenvorderende
          - **Chorda** Vorläufer der Wirbelsäule in der Körpermittellinie
          - **Somiten** an den Körperseiten
      - **Haftstiel** Verbindung der Keimscheibe mit dem Chorion
        Entwicklung zur
        - **Nabelschnur** Dottersack und Allantois werden integriert
      - **Neuralrohr** über der Chorda; durch Schließen der ektodermal entstandenen Neuralwülste gebildet
        - **große Gehirnblase** am Vorderende des Neuralrohrs
      - **Herz** zunächst noch ungekammert
      - **vier Kiemenbögen** mit Kiementaschen; rudimentäre Organe

Nidation Einnistung der Blastocyste in die Uterusschleimhaut

Amnion Haut aus Meso- und Ektoderm um die Amnionhöhle; bei Reptilien und Vögeln gibt es noch eine Serosa genannte, außen gelegene Fruchthülle

Placenta (Mutterkuchen) Organ des Stoff- und Gasaustauschs zwischen Mutter und Kind sowie Hormondrüse; produziert Choriongonadotropin und Gestagene; die menschliche Placenta ist hämo-chorial (die Chorionzotten reichen bis ins mütterliche Blut); Durchmesser ca. 20 cm

Placentaschranke relative Undurchdringlichkeit des Chorionepithels für Makromoleküle, einige Antikörper und Viren ausgenommen; verhindert die Immunabwehr gegen das kindliche Fremdgewebe

Kiemenbögen werden zu Ober- und Unterkiefer, Steigbügel, Zungenbein und Kehlkopfapparat

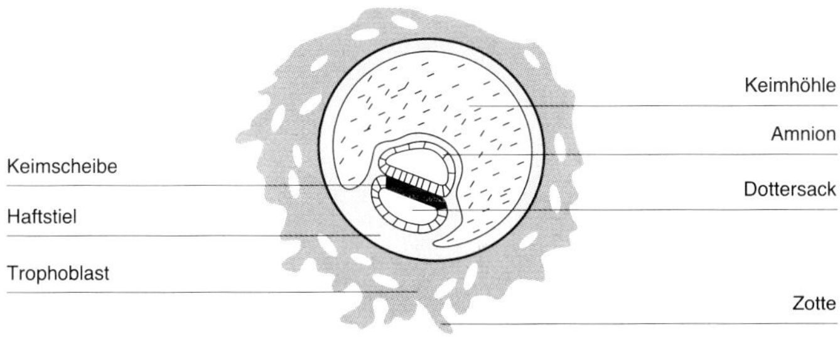

Bildung von Amnion und Dottersack

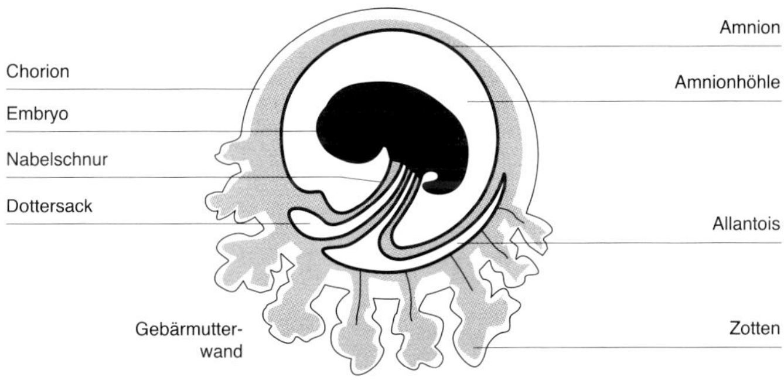

Placentation

Embryonalphase

Entwicklung des Menschen [Fortsetzung]

- **Fetalphase** ab der 8. Woche
    - **Differenzierung von Organen und Körperteilen**
        - **Auge und Ohr**
        - **Extremitäten** Entwicklung von Händen und Füßen
        - **Herz** Differenzierung in Herzkammern und -vorhöfe
        - **Gehirn** Differenzierung der Gehirnabschnitte
        - **Geschlechtsorgane** embryonal noch undifferenziert
    - **Abschluss der Organentwicklung** nach ca. 12 Wochen
    - **allometrisches Wachstum des Körpers** unterschiedliches Wachstum von Kopf, Rumpf und Extremitäten; Kopf größter Körperteil
    - **Geburt** nach ca. 40 Wochen; hormonell gesteuert
- **Entwicklung nach der Geburt**
    - **Säuglingsphase** 0 - 1 Jahr
    - **Kleinkindphase** 1 - 4 Jahre
    - **Kindheit** 4 - 10/12 Jahre
    - **Jugend** (Adoleszenz) 10/12 - 18/20 Jahre
        - **Pubertät** Eintritt der Geschlechtreife
            - **zwischen 10 und 12 Jahren** bei Mädchen
            - **zwischen 12 und 14 Jahren** bei Jungen
    - **Erwachsenenphase** 18/20 - ca. 60 Jahre
    - **Alter** (Seneszenz) ab ca. 60 Jahren

Metamorphosen Gestaltänderungen von Organen oder des Körpers

bei Pflanzen

- **Gestaltänderung von Organen** durch Funktionswechsel
    - **Blattmetamorphosen**

      z.B.
        - **Zwiebel** zu Speicherorganen umgewandelte Blätter
        - **Ranke** zu Halteorgan umgebildet
    - **Sprossmetamorphosen**

      z.B.
        - **Sprossknolle** Speicherorgan; z.B. Kartoffelknolle
    - **Wurzelmetamorphosen**

      z.B.
        - **Rübe** Speicherorgan; z.B. Karotte

bei Tieren

- **Metabolie** Existenz mindestens eines Larvenstadiums mit vom Adulttier abweichender Körpergestalt

  z.B. bei Insekten
    - **Hemimetabolie** (unvollkommene Verwandlung) Larven-und Adultstadium mit geringen Unterschieden
    - **Holometabolie** (vollkommene Verwandlung) z.B. bei Schmetterlingen
        - **Larve** z.B. Raupe der Schmetterlinge
        - **Puppe** Ruhestadium
        - **Imago** Adulttier; oft mit kurzer Lebensdauer

Differenzierung die Zellen übernehmen bestimmte Aufgaben

Teratogene keimschädigende Gifte (z.B. das Medikament Contergan), Viren (z.B. Rötelnvirus) und Drogen (z.B. Alkohol); stören bestimmte Entwicklungsschritte der Embryonalphase; das Rötelnvirus stört die Entwicklung von Herz, Auge und Ohr; der Conterganwirkstoff Thalidomid führt zu Entwicklungsstörungen der Extremitäten; Alkoholmissbrauch führt zu Missbildungen des Gesichts und geistiger Behinderung durch ZNS-Schädigung

Akzeleration seit Beginn des 20. Jahrhunderts in den Industriestaaten zu beobachtende Zunahme der Körpergröße und Vorverlegung der Geschlechtsreife; wird durch verbesserte Ernährung (v.a. mit Protein) und medizinische Versorgung sowie Verringerung körperlicher Schwerarbeit erklärt

Altern wird durch Zunahme schädlicher Mutationen in den Zellen erklärt, was z.B. zu fehlerhaften Enzymen, Anhäufung schädlicher Stoffwechselprodukte, Absterben der Zellen oder unkontrolliertem Zellwachstum (Tumorbildung) führt; Schrumpfung der Faserproteine in Bindegewebe und Gefäßwänden führt zum Faltigwerden der Haut und zum Verlust der Elastizität der Gefäßwände

Metamorphose der Tiere wird hormonell gesteuert; das Juvenilhormon der Insekten steuert die Larvenhäutungen und bestimmt die Dauer des Larvenstadiums (bis 17 Jahre), das Ecdyson (Steroidhormon) bewirkt die Umwandlung zur Imago; die Metamorphose der Kaulquappe zum Frosch wird durch Thyroxin bewirkt

adult erwachsen, geschlechtsreif; Ggs.: juvenil

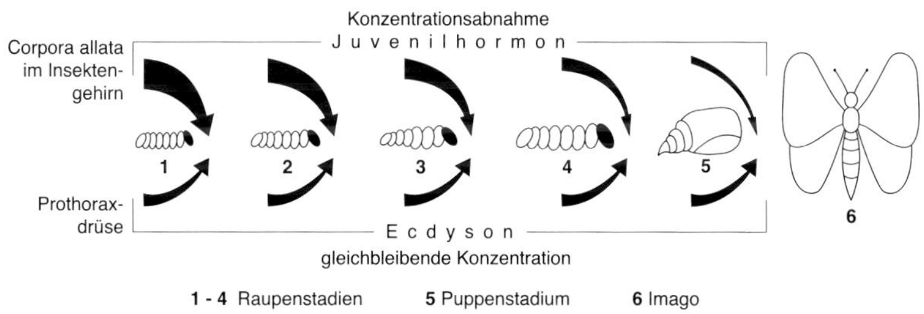

Metamorphose holometaboler Insekten

Experimente zum Entwicklungsablauf

- **Schnürungsexperimente** nach Spemann
  - *Untersuchungsobjekte*
  - **Molch- und Froschkeime**
  - *Methoden*
  - **Durchschnürung der Zygote** mit einem Haar
  - **vollständige/unvollständige Trennung von Blastomeren** durch Abschnüren
  - **Durchschnüren von Embryonen** im Gastrula- und Neurulastadium
  - *Ergebnisse*
  - **Entwicklung zweier vollständiger Individuen** nach Teilung der Zygote
    - *Voraussetzung*
    - **Anteil beider Zygotenteile am grauen Halbmond**
  - **Entwicklung eines vollständigen Individuums** aus jeder Einzelblastomere
  - **Entwicklung zusammengewachsener Individuen** bei unvollständiger Trennung der Blastomeren
  - **Entwicklung zweier vollständiger Individuen** halber Normalgröße nach Teilung der Gastrula
    - *Voraussetzung*
    - **Anteil beider Gastrulahälften am Urmund**
  - **Entwicklung halber Individuen** nach Neurulateilung
  - *Deutung*
  - **Existenz von Regulationseiern**
  - **prospektive Potenz der Blastomere > prospektive Bedeutung**
  - **Determination der Zellen** erst im Neurulastadium
- **Experimente** nach Chabry
  - *Untersuchungsobjekte*
  - **Fadenwurmkeime**
  - *Methode*
  - **Trennung von Blastomeren**
  - *Ergebnis*
  - **Entwicklung eines unvollständigen Individuums** aus jeder Einzelblastomere
  - *Deutung*
  - **Existenz von Mosaikeiern**
  - **prospektive Bedeutung der Blastomere = prospektive Potenz**
  - **Determination der Zellen** bereits im Blastulastadium

Gastrula Embryo im Gastrulationsstadium
Neurula Embryo im Neurulationsstadium
Regulationseier bei allen Chordatieren und Stachelhäutern; schwach determiniert
Mosaikeier bei den übrigen Wirbellosen; stark determiniert
prospektive Potenz Entwicklungsmöglichkeit; bei einer schwach determinierten Zelle groß, bei einer stark determinierten Zelle eingeschränkt
prospektive Bedeutung Entwicklungsbestimmung von Zellbereichen und Zellen; große prospektive Bedeutung hat der graue Halbmond von Amphibieneizellen
Determination Festlegung der Entwicklung
Chimäre durch Kombination artverschiedener Blastomeren entstehende Artbastarde, z.B. "Schiege" (Artbastard zwischen Schaf und Ziege)

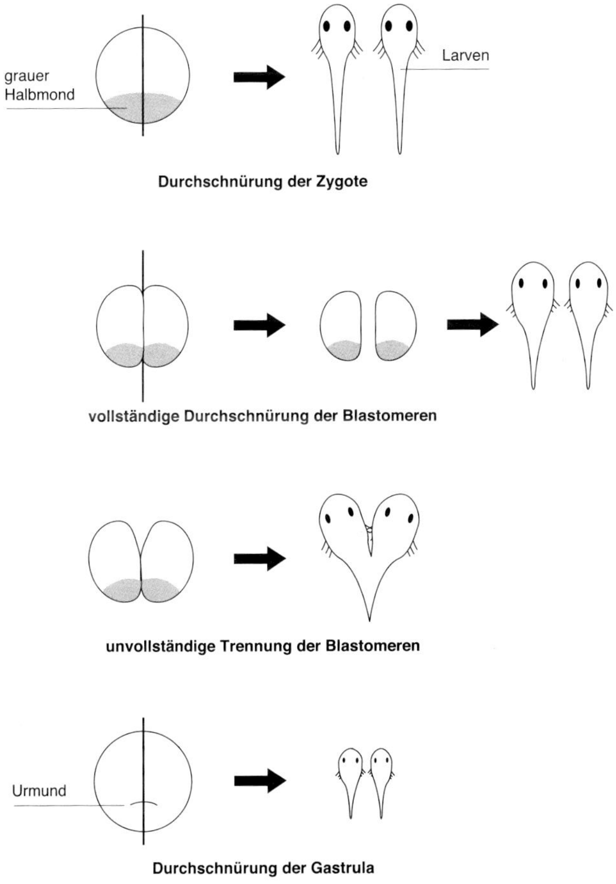

Schnürungsexperimente mit Amphibienkeimen

Experimente zum Entwicklungsablauf [Fortsetzung]

- **Transplantationsexperimente** nach Spemann und Mangold
  - *Untersuchungsobjekte*
  - **Molch- und Froschkeime**
  - *Methoden*
  - **Transplantation** von präsumptivem Chordamesoderm der oberen Urmundlippe in das Ektoderm im Gastrulastadium
  - **Einstecken** von präsumptivem Chordamesoderm in das Gastrocoel
  - *Ergebnis*
  - **Entwicklung zweier zusammengewachsener Individuen** durch Doppelbildung von Chorda, Somiten und Neuralrohr
  - *Deutung*
  - **Existenz eines Organisators** Zellen im oberen Urmundbereich
    - *Funktion des Organisators*
    - **Induktion** Auslösen von Differenzierungsvorgängen
      - *Ursache*
      - **Induktoren** (Induktionsstoffe) nicht artspezifisch
- **Experimente mit Acetabularia spec.** einzellige, bis 10 cm große Grünalgen
  - *Bau von Acetabularia*
  - **Rhizoid** mit Zellkern
  - **Stiel**
  - **Hut** aus Gametangien gebildet
  - *man unterscheidet z.B.*
  - **Acetabularia mediterranea** mit großem, vielkammerigem Hut; abgekürzt: med
  - **Acetabularia crenulata** Hut mit zipfelförmigen Kammern; abgekürzt: cren
  - *Methoden*
  - **Herausschneiden von Stielstücken**
    - **hutnahes Stielstück** regeneriert Hut
    - **rhizoidnahes Stielstück** regeneriert kernloses Rhizoid
    - **großes Mittelstück** regeneriert Hut und Rhizoid
  - **Transplantation** eines cren-Stiels auf ein med-Rhizoid
    - *führt zu*
    - **Hutform zwischen cren und med**
  - *Deutung*
  - **Zellkern nicht notwendig** für die Regeneration
  - **Existenz morphogenetischer Substanzen** (Morphogenen) im Stiel; wahrscheinlich langlebige mRNA

präsumptiv zukünftig

Induktionsketten Abfolge von Induktionen durch verschiedene Organisatoren im Verlauf der Embryonalentwicklung, z.B. die Entwicklung des Auges

Regeneration Ersatz verloren gegangener Körperteile; möglich durch Entdifferenzierung von Zellen

Morphogenese Gestaltbildung

Kerntransplantationsexperimente beim Krallenfrosch; nach Einpflanzen des Kerns einer larvalen Darmzelle in eine entkernte Zygote folgt eine normale Embryonalentwicklung; Deutung: der Kern einer differenzierten Zelle ist totipotent, d.h. er verfügt über die gesamte Erbinformation

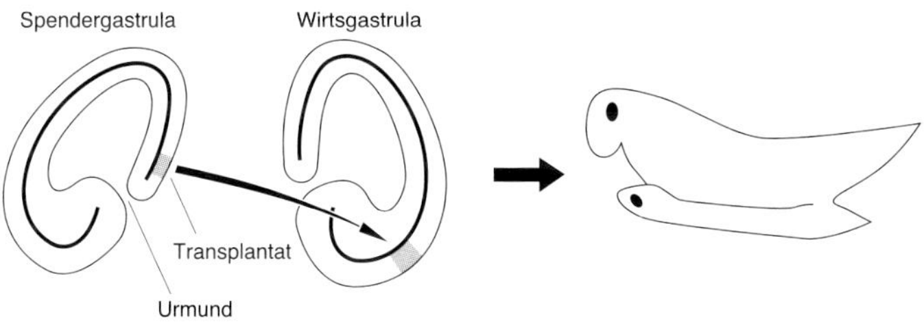

Transplantationsexperiment an einer Amphibiengastrula

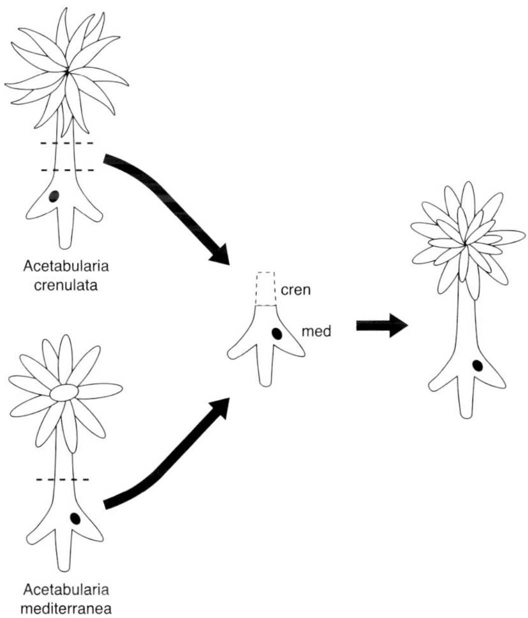

Transplantationsexperimente mit Acetabularia spec.

8. GENETIK

Nukleinsäuren

- **DNA** (DNS) Desoxyribonukleinsäure; Polynukleotid; genetische Information
  Vorkommen in
  - **Chromosomen, Mitochondrien und Plastiden**
  zusammengesetzt aus
  - **Purinbasen** Purinderivate
    - **Adenin und Guanin**
  - **Pyrimidinbasen** Pyrimidinderivate
    - **Cytosin und Thymin**
  - **Desoxyribose** Pentose; zwischen Base und Phosphatgruppe
  - **Phosphatgruppe** zwischen Desoxyribosemolekülen
  Kennzeichen
  - **Doppelhelixstruktur** (Watson-Crick-Struktur)
    - **zwei Polynukleotidstränge** wendeltreppenartig umeinander gewunden
  - **Basenpaarung** komplementäre, über Wasserstoffbrücken verbundene Basen
    - **Guanin - Cytosin**
    - **Adenin - Thymin**
  - **Replikation** identische Verdoppelung
    Replikationsprinzip
    - **semikonservativ** neuer Doppelstrang besteht aus einem alten und neuen Polynukleotidstrang
    Ablauf
    - **Öffnung der Doppelhelix** Trennung der Wasserstoffbrücken
    - **Anlagerung neuer Nukleotide** nach dem Prinzip der Basenpaarung
  - **Matrizenfunktion** für RNA
- **RNA** (RNS) Ribonukleinsäure; Polynukleotid
  RNA- Typen
  - **Nucleolus-RNA** im Nucleolus (Kernkörperchen)
  - **ribosomale RNA** (rRNA) der Ribosomen
  - **messenger-RNA** (mRNA) überträgt die genetische Information der DNA
  - **transfer-RNA** (tRNA) transportiert Aminosäuren
  zusammengesetzt aus
  - **Purinbasen**
    - **Adenin und Guanin**
  - **Pyrimidinbasen**
    - **Cytosin und Uracil**
  - **Ribose** Pentose; zwischen Base und Phosphatgruppe
  - **Phosphatgruppe** zwischen Ribosemolekülen
  Kennzeichen
  - **einsträngig** keine Doppelhelixstruktur

genetische Information beruht auf der Basenfolge in den Nukleinsäuren

Nukleosid mit einem Monosaccharid verbundene organische Base

Nukleotid mit einer oder mehreren Phosphatgruppen verestertes Nukleosid; kleinste Einheit einer Nukleinsäure; bekanntestes Nukleotid ist ATP

seltene Basen in RNA-Molekülen vorkommende, abweichende Basen, z.B. Inosin

Meselson-Stahl-Experiment Nachweis der semikonservativen DNA-Replikation; Dichtegradientenzentrifugation (in Cäsiumchloridlösung) von mit radioaktivem Stickstoff ^{15}N markierter Bakterien-DNA ergibt nach Überführen der Bakterien in ein Nährmedium mit Zusatz einer nicht radioaktiven Stickstoffverbindung (^{14}N): zunächst eine "schwere" (radioaktive) DNA-Bande, eine "halbschwere" DNA-Bande nach der Zellteilung, nach einer weiteren Zellteilung eine "leichte" (nicht radioaktive) DNA-Bande

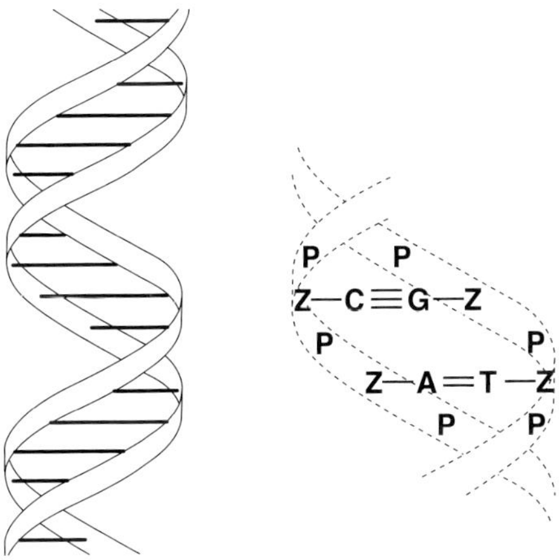

Doppelhelix aus zwei komplementären DNA-Strängen

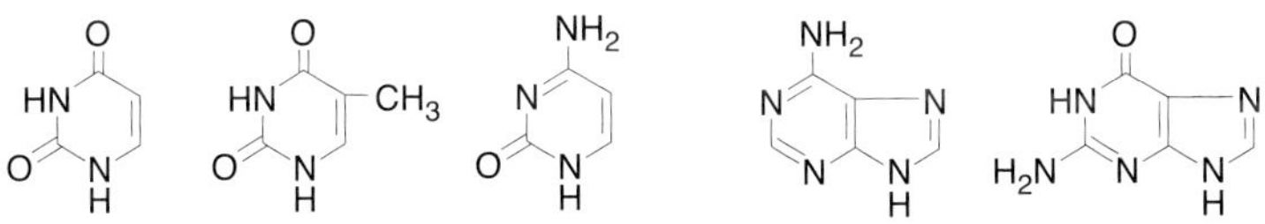

Uracil Thymin Cytosin Adenin Guanin

Pyrimidinbasen **Purinbasen**

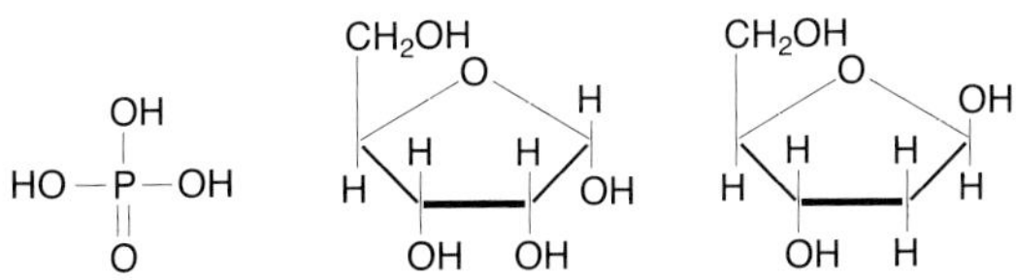

Phosphorsäure Ribose Desoxyribose

Bausteine der Nukleinsäuren

Chromosomen Träger der Gene (Erbanlagen)

- **Prokaryonten-Chromosom** Nucleoid

  Kennzeichen

  - **in Einzahl** im Zellplasma
  - **aus DNA** bei Bakterien, Cyanobakterien und vielen Viren
  - **aus RNA** bei einigen Viren
  - **proteinfrei**
  - **oft ringförmig**

- **Eukaryonten-Chromosomen** entstehen aus dem fadenförmigen Chromatin des Interphasekerns; in der Metaphase der Kernteilung sichtbar

  Kennzeichen

  - **artspezifische Anzahl** im Zellkern
  - **aus DNA**
  - **proteinhaltig**
  - **zweiarmige Struktur** durch Centromer gegliedert

  spezielle Chromosomenformen

  - **Riesenchromosomen** in Drüsenzellen von Fliegen und Mücken

    Merkmale

    - **permanente Paarung der homologen Chromosomen**
    - **polytän** zusammengesetzt aus über 1000 Chromatiden
    - **Puffs** aufgelockerte Bereiche; durch Hormongabe induzierbar

      Bedeutung

      - **Genaktivität**

  - **Lampenbürstenchromosomen** treten im Diplotän der Meiose von Wirbeltiereizellen auf

    Merkmal

    - **Balbiani-Ringe** stark aufgelockerte Chromosomenbereiche mit schleifenförmigen Ausbuchtungen

      Bedeutung

      - **Genaktivität**

Gen (Cistron, Erbanlage) ein bestimmter DNA-Abschnitt auf einem Chromosom; repräsentiert ein Merkmal des Individuums

Genom Gesamtheit der Chromosomen eines Chromosomensatzes; bei Eukaryonten besitzen Gameten ein einfaches (haploides) Genom (n), Körperzellen ein doppeltes (diploides) Genom (2n)

Chromosomenzahl bei nah verwandten Arten ähnlich; besagt nichts über die Entwicklungshöhe eines Organismus, z.B. Mensch: 46 (2n) - Einsiedlerkrebs: 254 (2n)

homologe Chromosomen Chromosomenpaar; ein Chromosom stammt vom Vater, das andere von der Mutter

Chromatiden bei der Kernteilung durch identische Replikation der DNA entstehende Chromosomenspalthälften

Erbgänge Formen der Vererbung

- **monohybrider Erbgang** mit einem Merkmalsunterschied der Elternteile (Parentalgeneration)
- **dihybrider Erbgang** mit zwei Merkmalsunterschieden der Elternteile
- **dominant-rezessiver Erbgang** Merkmal eines Elternteils setzt sich durch, das des anderen Elternteils wird unterdrückt; häufig vorkommend

  z.B.
  - **Dominanz roter Blütenfarbe** gegenüber weißer Blütenfarbe nach Kreuzung von rot- mit weiß blühenden Erbsenpflanzen
- **intermediärer Erbgang** Mischform der Merkmale beider Elternteile bei den Nachkommen; seltener vorkommend

  z.B.
  - **rosa Blütenfarbe** nach Kreuzung von rot- mit weiß blühenden Wunderblumen

Mendelsche Regeln Erbregeln

man unterscheidet

- **Uniformitätsregel** (1. Mendelsche Regel) entspricht Reziprozitätsregel bei reziproken Kreuzungen, d.h. nach Vertauschung des Geschlechts der Eltern
  - **gleicher Phänoptyp der F_1-Generation** bei dominant-rezessivem und intermediärem Erbgang sowie homozygoter Parentalgeneration
  - **gleicher Genotyp der F_1-Generation** heterozygot
- **Spaltungsregel** (2. Mendelsche Regel)
  - **unterschiedliche Phänotypen der F_2-Generation**
  - **unterschiedliche Genotypen der F_2-Generation**

    im Verhältnis
    - **1:2:1 beim intermediären, monohybriden Erbgang**
    - **3:1 beim dominant-rezessiven, monohybriden Erbgang**
- **Neukombination der Gene** (3. Mendelsche Regel) Rekombination von Allelen bei der Befruchtung
  - **unterschiedliche Phänotypen der F_2-Generation**

    im Verhältnis
    - **9:3:3:1 beim dihybriden Erbgang**

Folgerungen

- **Existenz von Allelen** (allelen Genen) auf den homologen Chromosomen

  man unterscheidet
  - **Homozygotie** (Reinerbigkeit) gleiche Allele
  - **Heterozygotie** (Mischerbigkeit) ungleiche Allele
- **Trennung der Allele** bei der Meiose

klassische Genetik untersucht die Gesetzmäßigkeiten der Vererbung
Hybride Bastard, Heterozygot
Penetranz Anzahl der Merkmalsträger eines dominanten Gens in %
Expressivität Ausprägungsstärke eines dominanten Gens; auch rezessive Gene können eine gewisse Expressivität besitzen (Kodominanz)
Polyphänie (Pleiotropie) ein Gen bewirkt verschiedene Merkmale
Phänotyp Erscheinungsbild eines Individuums
Genotyp Genausstattung eines Individuums
Rückkreuzung Testkreuzung zur Ermittlung des Genotyps (AA bzw. Aa) gleicher Phänotypen durch Kreuzung mit rezessivem Elternteil aa

Beispiel	**Erbse**	**Wunderblume**	**Erbsenrassen**
Erbgang	monohybrid, dominant-rezessiv	monohybrid, intermediär	dihybrid, dominant-rezessiv
Parentalgeneration	A A x a a	A A x a a	A A B B x a a b b
Phänotypen	rot blühend / weiß blühend	rot blühend / weiß blühend	langgestielt rot blühend / kurzgestielt weiß blühend
Gameten	A A a a	A A a a	AB AB ab ab
1. Filialgeneration	♀\♂: A, A a: A a, A a a: A a, A a	♀\♂: A, A a: A a, A a a: A a, A a	♀\♂: AB, AB ab: A a B b, A a B b ab: A a B b, A a B b
Phänotypen	uniform **rot**	uniform **rosa**	uniform **lang gestielt, rot blühend**
1. Filialgeneration	A a x A a	A a x A a	A a B b x A a B b
Gameten	A a A a	A a A a	AB Ab aB ab AB Ab aB ab
2. Filialgeneration	♀\♂: A, a A: A A, A a a: A a, a a	♀\♂: A, a A: A A, A a a: A a, a a	♀\♂: AB, Ab, aB, ab AB: AABB, AABb, AaBB, AaBb Ab: AABb, AAbb, AaBB, Aabb aB: AaBB, AaBb, aaBB, aaBb ab: AaBb, Aabb, aaBb, aabb
Genotypenverhältnis	1 : 2 : 1	1 : 2 : 1	
Phänotypenverhältnis	3 : 1 rot weiß	1 : 2 : 1 rot rosa weiß	9 : 3 : 3 : 1 lang gestielt, rot; lang gestielt, weiß; kurz gestielt, rot; kurz gestielt, weiß
	1. und 2. Mendelsche Regel		**1., 2. und 3. Mendelsche Regel**

Testorganismus x Elternteil	A A x a a	A a x a a
Gameten	A A a a	A a a a
Rückkreuzungsgeneration	♀\♂: A, A a: A a, A a a: A a, A a	♀\♂: A, a a: A a, a a a: A a, a a
Genotypen	100% Aa	50% Aa 50% aa
Testorganismus	**homozygot** A A	**heterozygot** A a

Rückkreuzung

Polygenie Ausprägung eines Merkmals durch mehrere Gene

z.B.

- **Fellfärbung** von Mäusen durch vier Gene
    - **Farbringelung der Haare** in rötlich und schwarz; Wildfarbe

      durch
        - **erstes Allelpaar**
    - **einheitliche Haarfarbe** rötlich oder schwarz

      durch
        - **zweites Allelpaar**

multiple Allelie Vorhandensein mehrerer Allele eines Gens

z.B. bei

- **Blutgruppen A und AB** des Menschen
    - **Allele** $\mathbf{I^{A1}}$, $\mathbf{I^{A2}}$, $\mathbf{I^{A3}}$ des Gens I^{A} mit steigender Tendenz zur Agglutination mit Blutgruppe B
    - **Allele** $\mathbf{I^{A1}I^{B}}$, $\mathbf{I^{A2}I^{B}}$ des Gens I^{AB}; Allel I^{B} ist kodominant

Genkopplung gemeinsame Vererbung verschiedener Gene

Nachweis

- **Kreuzungsversuche** nach Morgan mit der Fruchtfliege (Drosophila melanogaster)
    - **Parentalgeneration**
        - **schwarz-stummelflügelig x grau-langflügelig**
    - **$\mathbf{F_1}$-Generation**
        - **grau-langflügelig** dominante Merkmale
    - **Rückkreuzung** der F_1-Generation mit schwarz-stummelflügeligen Individuen

      ergibt
        - **1:1-Verhältnis** von schwarz-stummelflügeligen und grau-langflügeligen Individuen

Genaustausch durch Crossing-over; Brechung der Genkopplung

Nachweis

- **Kreuzungsversuch** mit der Fruchtfliege
    - **Rückkreuzung** grau-langflügeliger F_1-Individuen mit schwarz-stummelflügeligen Individuen

      ergibt
        - **83%** Individuen mit Merkmalen der Genkopplung im 1:1-Verhältnis
        - **17%** Individuen mit den Merkmalen schwarz-langflügelig und grau-stummelflügelig

      Deutung
        - **Chiasma der Chromatiden** homologer Chromosomen während der Meiose führt zum Austausch gekoppelter Gene

Genkartierung Identifizierung der Lage von Genen (Genorte, Genloci) auf einem Chromosom; Rückschlüsse sind durch die Austauschwerte (in %) gekoppelter Gene möglich: ein hoher Austauschwert spricht für weiter voneinander entfernte, ein niedriger für näher beisammen liegende Gene; heute werden zunehmend direkte Manipulationen an Riesenchromosomen oder molekulargenetische Methoden, z.B. somatische Hybridisierung, angewandt

Fruchtfliege durch rasche Generationenfolge, geringe Chromosomenzahl (2n = 8) und zahlreiche, leicht identifizierbare Mutanten beliebtes Untersuchungsobjekt der Genetik

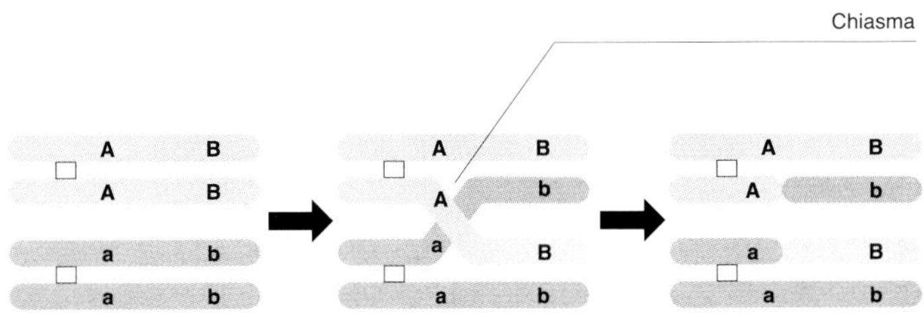

Crossing-over mit Genaustausch
Chiasma ist die sichtbare Erscheinungsform des Crossing-over

genotypische Geschlechtbestimmung

Regelfälle

- **weibliche Individuen**
  Kennzeichen
  - **zwei X-Gonosomen** (Geschlechtschromosomen)
  - **ein Gametentyp** nur mit X-Gonosom
- **männliche Individuen**
  Kennzeichen
  - **X- und Y-Gonosom** Y-Gonosom mit wenigen Genen
  - **zwei Gametentypen**
    - **Gameten mit X-Gonosom** weiblich bestimmende Gameten
    - **Gameten mit Y-Gonosom** männlich bestimmende Gameten; leichter und schneller beweglich, daher mehr männliche als weibliche Neugeborene

Sonderfall

- **Vögel und viele Schmetterlinge**
  - **weibliche Individuen mit X- und Y-Gonosom**
  - **männliche Individuen mit zwei X-Gonosomen**

geschlechtschromosomengebundene Vererbung der Gene des X-Gonosoms

Nachweis

- **Kreuzungsversuche** mit der Fruchtfliege
  - **Parentalgeneration**
    - **rotäugige Weibchen x weißäugige Männchen** rotäugig dominant
  - **F_1-Generation**
    - **rotäugig** Geschlechterverhältnis 1:1
  - **Rückkreuzung** rotäugiger F_1-Männchen mit weißäugigen Weibchen
    ergibt
    - **rotäugige Weibchen**
    - **weißäugige Männchen**

  Deutung
  - **X-Gonosomen sind Genträger der Augenfarbe** bei der Fruchtfliege
    Folgerung
    - **rezessives Merkmal nur im männlichen Geschlecht**

Barr-Körperchen bei Frauen im Zellkern nach Färbung sichtbarer dunkler Fleck, hervorgerufen durch ein dauernd spiralisiertes, inaktiviertes X-Gonosom

Geschlechtschromosomen der Parentalgeneration	X^A X^a	x	X^A Y
	Überträgerin		gesunder Mann
Gameten	X^A X^a		X^A Y
1. Filialgeneration	♀ \ ♂	X^A	Y
	X^A	$X^A X^A$	$X^A Y$
	X^a	$X^A X^a$	$X^a Y$
Phänotypenverhältnis		2 : 1 : 1	**gesund** : **Überträgerin** : **Bluter**

geschlechtschromosomengebundene Vererbung am Beispiel der Bluterkrankheit des Menschen

Mutationen Änderungen des genetischen Materials

- **Genmutationen** (Punktmutationen) DNA-Veränderungen, z.B. durch Austausch/Verlust von Basen; Ursache der genetischen Variabilität durch geringe phänotypische Abweichungen
  Bedeutung z.B.
  - **Evolutionsfaktor**
  - **Entstehung von Rassemerkmalen** bei Nutz-/Zierpflanzen und Haustieren
- **Chromosomenmutationen** strukturelle Chromosomenaberrationen
  - **Deletion** Verlust eines Chromosomenstücks
  - **Translokation** Anheftung eines Chromosomenstücks oder eines Chromosoms an ein anderes Chromosom
  - **Duplikation** Verdoppelung eines Chromosomenstücks
  - **Inversion** Umkehrung eines Chromosomenstücks

  Bedeutung
  - **meist negativ** durch schwere Störungen des Organismus
- **Genommutationen** numerische Chromosomenaberrationen
  man unterscheidet
  - **Euploidie** (Polyploidie) Vervielfachung des Genoms
    - **Orthoploidie** geradzahlige Vervielfachung
    - **Anorthoploidie** ungeradzahlige Vervielfachung
    - **Euploidie bei Pflanzen** häufig; auch künstlich ausgelöst
      Bedeutung
      - **größere Vitalität** polyploider Pflanzen
    - **Euploidie bei einigen Insekten und Wirbeltieren** selten

    Sonderfall
    - **Haploidie** einfacher Chromosomensatz; bei Prokaryonten und Organismen mit Generationswechsel oder parthenogenetischer Fortpflanzung obligatorisch; sonst letal
  - **Aneuploidie** fehlende/überzählige Einzelchromosomen
    Ursache
    - **Nondisjunction** keine Trennung der homologen Chromosomen in der Anaphase der Meiose
      führt zu
      - **Monosomie bzw. Trisomie** der Zygote; einfach bzw. dreifach vorhandenes Chromosom; meist letal
- **Mutagene** Mutationsauslöser
  - **physikalische Mutagene**
    - **radioaktive Strahlung**
    - **Röntgenstrahlung**
    - **UV-Strahlen**
    - **Temperaturerhöhung**
  - **chemische Mutagene** z.Zt. sind ca. 600 mutagene Stoffe bekannt; viele auch carcinogen (krebsauslösend)

somatische Mutationen betreffen Körperzellen; nicht vererbbar
generative Mutationen betreffen Keimbahnzellen; vererbbar
Basenanaloga den Nukleinsäurebasen chemisch ähnliche Substanzen zur künstlichen Erzeugung von Genmutationen
letal tödlich
Karyogramm nach Größe geordnetes Bild der Metaphasechromosomen; läßt Veränderungen der Chromosomenstruktur und -zahl erkennen
Pseudogen wahrscheinlich durch Gen- oder Chromosomenmutation (Duplikation) funktionslos gewordenes Gen; häufig vorkommend
springende Gene (Transposons) bei Pro- und Eukaryonten vorkommende, durch Enzyme von einem Chromosom auf ein anderes übertragene Gene; durch Einbau in ein aktives Gen machen sie dieses funktionslos
Onkogene Zellteilung steuernde Gene; nur in undifferenzierten Zellen aktiv; durch Genmutation oder Einbau von DNA bestimmter Retroviren kann ein inaktives Onkogen aktiv werden und undifferenziertes Zellwachstum (Krebs) auslösen

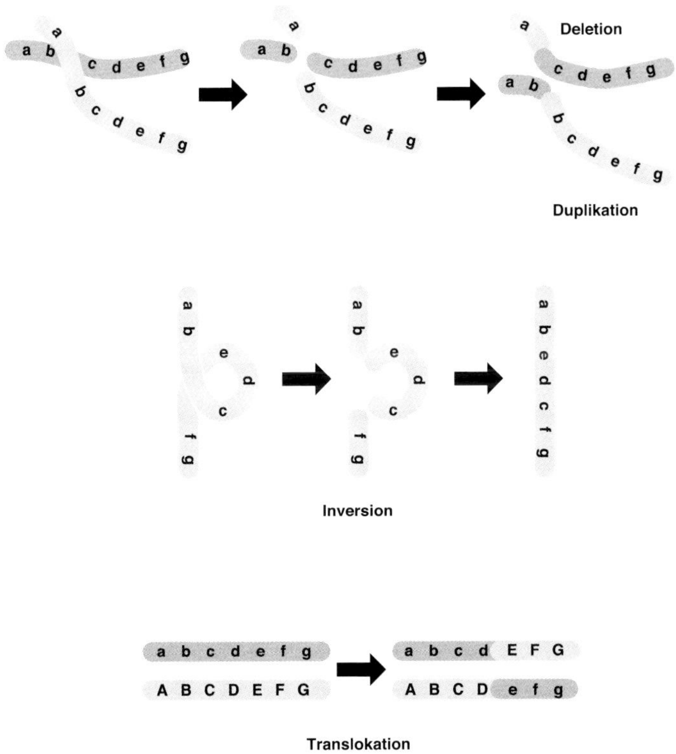

Chromosomenmutationen

Erbkrankheiten des Menschen

durch Genmutationen

- **autosomal-dominant vererbbare Krankheiten**

  z.B.

  - **Kurzfingrigkeit** durch verkürzte Fingerknochen; Häufigkeit 1:170 000
  - **Marfan-Syndrom** (Spinnenfingrigkeit) mit überlangen Knochen und Bindegewebsschwäche; Häufigkeit 1: 100 000

- **autosomal-rezessiv vererbbare Krankheiten**

  z.B.

  - **Phenylketonurie** (PKU) Ausfall des Enzyms Phenylalaninhydroxylase; Schwachsinn durch Anreicherung des Phenylalanins; kann durch phenylalaninarme Diät verhindert werden; Häufigkeit 1:10 000
  - **Albinismus** fehlende Pigmentbildung durch Enzymausfall im Tyrosinstoffwechsel; Häufigkeit 1:15 000
  - **Sichelzellenanämie** deformierte Erythrocyten durch Ersatz von Glutaminsäure durch Valin im Hämoglobinmolekül

durch Chromosomenmutation

- **Katzenschrei-Syndrom** durch Deletion am Chromosom 5; schwerer Schwachsinn, katzenartige Lautäußerungen

durch Genommutationen

- **Down-Syndrom** (Mongolismus) Trisomie des Chromosoms 21; plumper Körperbau, zu große Zunge, Sichelfalte im inneren Augenwinkel, Herzfehler, Schwachsinn
- **Turner-Syndrom** Gonosomenanomalie des Typs X0; weibliche Individuen mit unterentwickelten Geschlechtsorganen, Hautfalte (Pterygium) beiderseits des Halses, leichtem Schwachsinn
- **Klinefelter-Syndrom** Gonosomenanomalie des Typs XXY; männliche Individuen mit unterentwickelten Geschlechtsorganen, Hochwuchs, leichtem Schwachsinn

durch geschlechtschromosomengebundene Vererbung

- **Hämophilie** (Bluterkrankheit) stark verminderte Blutgerinnungsfähigkeit durch Mangel an Blutgerinnungsfaktoren VIII oder XI

  Kennzeichen

  - **Auftreten nur im männlichen Geschlecht**

    Folgerungen

    - **Gene bestimmter Blutgerinnnungsfaktoren** liegen auf den X-Gonosomen
    - **Frauen sind Überträgerinnen** (Konduktorinnen) der Hämophilie durch X-Gonosom mit defektem Allel

Humangenetik erforscht die Vererbung von Merkmalen beim Menschen

Eugenik Teil der Humangenetik; erforscht Maßnahmen zur Gesunderhaltung des Erbguts; Missbrauchsgefahr durch Gleichsetzen von genetisch gesund mit "wertvoll" und genetisch krank mit "wertlos"

genetische Beratung Beratung von Paaren v.a. aus Familien mit Erbkrankheiten; durch Stammbaumanalyse kann eine Wahrscheinlichkeitsaussage bezüglich des Auftretens einer Erbkrankheit bei den Nachkommen gemacht werden

Amniozentese vorgeburtliche Diagnosemethode von Erbkrankheiten durch Entnahme und Analyse von Fruchtwasser und Begutachtung der im Fruchtwasser enthaltenen fetalen Zellen; außer PKU ca. 60 Erbkrankheiten nachweisbar

Chorionbiopsie Entnahme von Chorionzellen zur vorgeburtlichen Diagnose von Erbkrankheiten

Syndrom Krankheit mit mehreren Symptomen

Heterozygotentest Nachweis von Mikrosymptomen rezessiver Stoffwechselkrankheiten (Ausdruck der Expressivität rezessiver Gene) bei heterozygoten Individuen; z.B. Nachweis von Phenylalanin im Harn von PKU-Heterozygoten

Mosaiktyp Genotyp, der durch somatische Mutationen nur in bestimmten Körperzellen Gen-, Chromosomen- oder Genomanomalien besitzt; z.B. Mosaik des Down-Syndroms (ca. 1% der Fälle) mit abgeschwächten Krankheitszeichen

Beziehung zwischen Alter der Mutter/Häufigkeit des Down-Syndroms Alter des Vaters ab 55 Jahren zu 25% relevant

Alter der Mutter	Häufigkeit des Down-Syndroms bei Neugeborenen
20-24 Jahre	1:1600
25-29 Jahre	1:1200
30-34 Jahre	1:870
35-39 Jahre	1:300
40-44 Jahre	1:100
über 44 Jahre	1:46

extrachromosomale Vererbung Vererbung nicht im Genom verankerter Merkmale

Beispiel

- **Panaschierung** (Weißbunt-Scheckung) von Pflanzen

  Ursache

  - **Zellen mit chlorophyllhaltigen Plastiden**
  - **Zellen mit chlorophyllfreien Plastiden**
  - **Zellen mit beiden Plastidensorten**

Nachweis

- **Bestäubungsversuche** bei der Wunderblume
  - **Bestäubung** der Blüten einer panaschierten mit Pollen einer grünen Pflanze

    ergibt

    - **grüne, weiße und panaschierte F_1-Pflanzen** weiße Pflanzen letal
  - **Bestäubung** der Blüten einer grünen mit Pollen einer panaschierten Pflanze

    ergibt

    - **grüne F_1-Pflanzen**

  Deutung

  - **Plastidenvererbung** nur durch die Eizelle
  - **Genomunabhängigkeit des Chlorophyllgehalts** der Plastiden

Modifikationen auf Umwelteinflüssen beruhende, nicht erbliche Merkmale

Beispiele

- **Wuchsformen von Pflanzen** derselben Art; abhängig z.B. von Licht und Temperatur
- **Körpergröße von Tieren** derselben Art; abhängig z.B. vom Nahrungsangebot
- **Färbung** mancher Pflanzen und Tiere

  z.B. bei

  - **Chinesischer Primel**
    - **weiß blühend** bei 30°C
    - **rot blühend** unter 30°C
  - **Russenkaninchen** Kaninchenrasse
    - **schwarze Körperenden** nur in kalter Umgebung
- **modifikatorische Geschlechtsbestimmung** (phänotypische Geschlechtsbestimmung) Geschlechtsbestimmung durch Umweltfaktoren

  z.B. beim

  - **Sternwurm** (Igelwurm, Bonellia viridis)

    geschlechtsbestimmende Kriterien

    - **Anheftung der Larven** am mütterlichen Prostomium ("Rüssel")

      führt zu

      - **Männchen** bis 2 mm groß
    - **fehlende Anheftung** der Larven

      führt zu

      - **Weibchen** bis 1,5 m lang

Matroklinie von mütterlichen Merkmalen bestimmter Erbgang unabhängig von den Mendelschen Regeln; Kennzeichen extrachromosomaler Vererbung
Plastom Gene der Plastiden
Mitochondriom (Chondriom) Gene der Mitochondrien
fließende Modifikation (fluktuierende Modifikation) mit fließenden Merkmalsübergängen
umschlagende Modifikation (alternative Modifikation) äußert sich in zwei unterschiedlichen Merkmalen
Nahrungsangebot bestimmt bei sozialen Insekten (z.B. Honigbiene) auch die Zugehörigkeit zu einer sozialen Gruppe: ohne Königinnen-Futtersaft aufgezogene Larven entwickeln sich zu Arbeiterinnen
Phänokopie Nachahmen einer Genwirkung durch einen Umweltfaktor, z.B. ruft Thalidomid (im Medikament Contergan) dieselben Missbildungen hervor, wie das autosomal-dominant vererbbare Holt-Oram-Syndrom

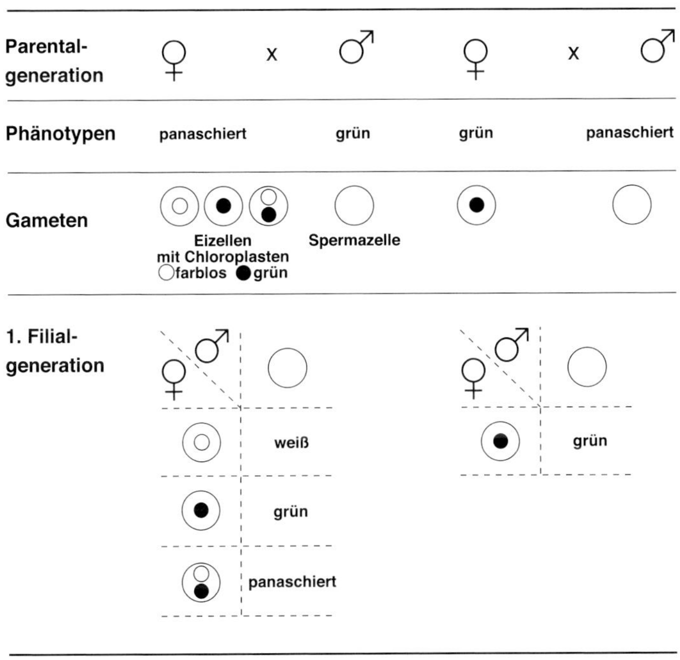

matrokline Erbgänge bei der extrachromosomalen Vererbung

Bakterien- und Virengenetik

Untersuchungsobjekte

- **Bakterien** Prokaryonten
  genetische Kennzeichen
  - **haploides Genom** aus DNA; keine Allele; jede Genmutation phänotypisch sichtbar
  - **Plasmide** extrachromosomale DNA mit Genen
  - **geringe Genzahl** ca. 5000
  - **Konjugation** parasexueller Vorgang zwischen Bakterien
    führt zu
    - **Rekombination** Neukombination von Genen; nicht identisch mit der Rekombination bei Eukaryonten
- **Viren** Zellparasiten von Eu- und Prokaryonten; bestehen aus einem proteinumhüllten Nukleinsäurestrang; mangels Stoffwechsels keine echten Lebewesen
  genetische Kennzeichen
  - **haploides Genom** aus DNA oder RNA
  - **geringe Genzahl** zwischen 3 und ca. 2000
  - **Rekombinationsfähigkeit**
    Nachweis
    - **Übertragung zweier verschiedener Phagen** auf eine Bakterienkolonie
      führt zu
      - **großen, klaren Löchern** in der Kolonie
      - **kleinen, trüben Löchern**
      - **Mischformen der Löcher** durch Genaustausch zwischen den Phagen

  z.B.
  - **Phagen** (Bakteriophagen) Prokaryontenviren
    man unterscheidet
    - **virulente Phagen**
      Kennzeichen
      - **lytischer Entwicklungszyklus**
        - **Phagenanheftung** an Rezeptormoleküle der Bakterienzellwand; wirtsspezifisch
        - **lokale Auflösung** der Zellwand; enzymatisch
        - **Injektion der Phagen-DNA** in das Bakterium
        - **Replikation der Phagen-DNA**
        - **Synthese von Phagen-Hüllprotein**
        - **Zusammenbau** (self-assembly) von Phagen-DNA und Hüllprotein zu vollständigen Phagen
        - **Lyse des Bakteriums** Zerstörung der Bakterienzelle; Freisetzung der Phagen
    - **temperente Phagen** gemäßigt virulent
      Kennzeichen
      - **lysogener Entwicklungszyklus** dem lytischen Entwicklungszyklus vorgeschaltet
        - **Prophagenbildung** Einbau des Phagengenoms in das Bakteriengenom

Plasmide enthalten extrachromosomale Gene, z.B. Resistenzgene für Enzyme zum Antibiotikaabbau
Antibiotika von Pilzen und Bakterien synthetisierte Substanzen, die den bakteriellen Stoffwechsel stören (Hemmung der Proteinsynthese oder Zellwandbildung); häufig als Medikamente verwendet, daher wurden bereits zahlreiche resistente Bakterienstämme selektioniert
Parasexualität Rekombinationsprozesse ohne Meiose; Teilaustausch genetischer Information
Viroide ohne Proteinhülle; Krankheitserreger bei Pflanzen
Retroviren RNA-Viren von Wirbeltieren und Mensch; die Virus-RNA wird durch das Enzym reverse Transkriptase in DNA um- und in das Wirbeltiergenom eingebaut; bekanntestes Retrovirus ist das Aidsvirus (HIV)

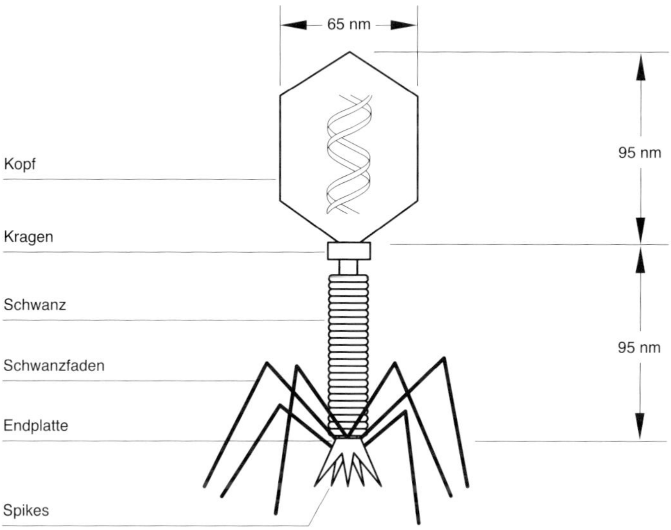

T-Phage

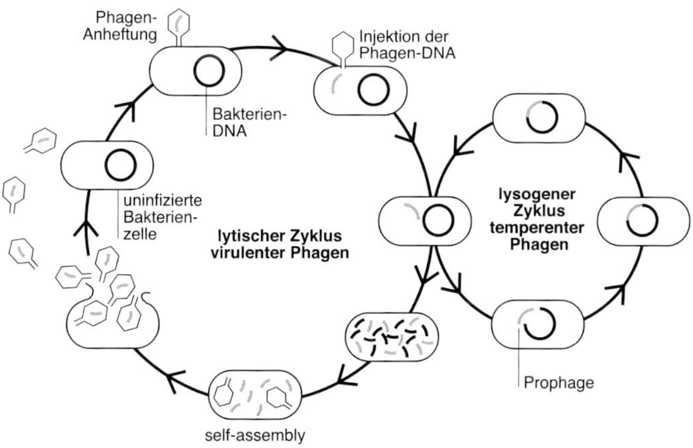

lytischer und lysogener Entwicklungszyklus bei Phagen

Bakterien- und Virengenetik [Fortsetzung]

Rekombinationsvorgänge

- **Konjugation** Genübertragung zwischen lebenden Bakterien
  zwischen
  - **Donorzellen** (Spenderzellen, F^+-Zellen)
    Kennzeichen
    - **mit Fertilitätsfaktor** (F-Faktor) Plasmid
  - **Rezipientenzellen** (Empfängerzellen, F^--Zellen)
    Kennzeichen
    - **ohne Fertilitätsfaktor**

  möglich durch
  - **Sex-Pilus** röhrenförmige Ausstülpung der Zelle zur Übertragung genetischen Materials
- **Transformation** Übernahme fremder Bakteriengene ohne Konjugation
  Untersuchungsobjekte
  - **Pneumokokken** Bakterien; Erreger der Lungenentzündung
    man unterscheidet
    - **s-Stamm** Pneumokokken mit glatter Kapsel aus Polysacchariden; virulent (krankheitserregend)
    - **r-Stamm** Pneumokokkenmutante ohne Kapsel; nicht virulent

  experimentelle Methoden
  - **Isolieren** der s-Stamm-DNA
  - **Übertragen** der s-Stamm-DNA in das Nährmedium des r-Stamms

  Ergebnis
  - **Kapselbildung** bei Individuen des r-Stamms
- **Transduktion** Übertragung von Bakteriengenen durch temperente Phagen
  Ablauf
  - **Prophagenbildung**
    führt zu
    - **Latenzphase** vorübergehende Phageninaktivierung
  - **Phagenaktivierung** Beenden der Latenzphase; endogen oder exogen, z.B. durch UV-Licht
    führt zu
    - **Herauslösen der Phagen-DNA** aus dem Bakteriengenom
    - **Mitnahme von Bakteriengenen** im Phagengenom
    - **Übertragung der Gene** durch Infektion anderer Bakterien

  experimenteller Nachweis
  - **Infektion leucinproduzierender Bakterien** (Leu^+) mit temperenten Phagen
  - **Phagenübertragung** nach Lyse von Leu^+ auf nicht leucinproduzierende Bakterien (Leu^-)
  - **Auftreten von Leu^+ in der Leu^--Kolonie** Nachweis durch leucinfreies Nährmedium

Konjugation ist auch zwischen artverschiedenen Bakterien möglich

Hfr-Zellen (high-frequency-of-recombination-Zellen) F^+-Zellen mit im Genom integriertem Fertilitätsfaktor, den sie nach Replikation auf F^--Zellen übertragen

lysogene Bakterien von temperenten Phagen infizierte Bakterien

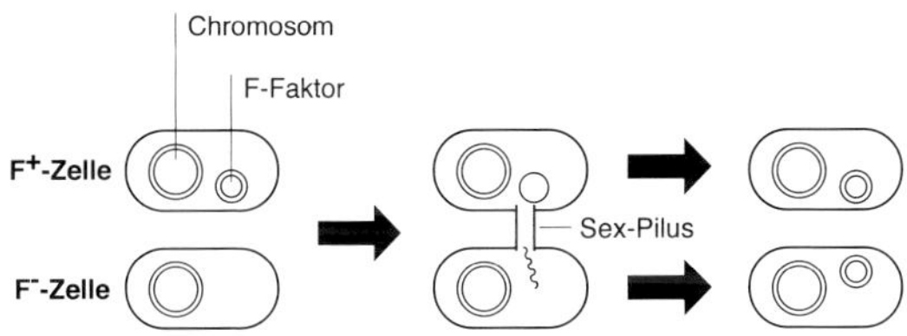

Konjugation mit Übertragung des F-Faktors

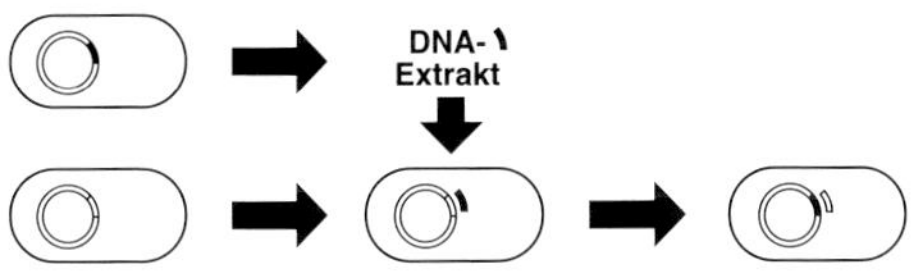

Transformation

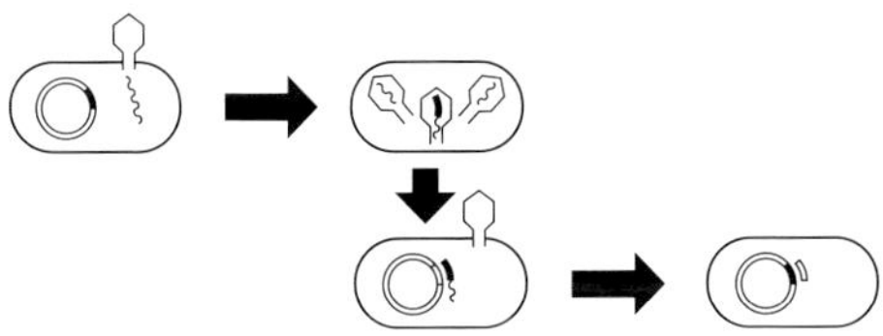

Transduktion

genetischer Code verschlüsselte Zuordnung der DNA-Basensequenz zur Aminosäurensequenz von Proteinen

Prinzip

- **Triplett** (Codon) Gruppe von drei Basen
  entspricht
  - **einer Aminosäure**

Merkmale

- **universell gültig** bei Pro- und Eukaryonten
- **keine Überlappung** keine Base gehört zu zwei Tripletts
- **keine Unterbrechung** durch "sinnlose" Tripletts
- **degeneriert** mehrere Tripletts codieren eine Aminosäure

es gilt

- **Wobble-Hypothese** nach Crick
  - **zwei Basen des Tripletts liegen fest**
  - **dritte Base des Tripletts variiert**

Proteinsynthese (Proteinbiosynthese) Übersetzung der DNA-Basensequenz in die Aminosäurensequenz eines Proteins

Ablauf

- **Transkription** im Zellkern
  - **Transkriptionsbeginn an Promotorregion** des Gens mit bestimmter Basenfolge
  - **Öffnen der Doppelhelix**
  - **mRNA-Synthese** durch RNA-Polymerase nach dem Basenpaarungsprinzip
    an
    - **codogenem DNA-Strang** für mRNA-Synthese relevant
    - **beiden DNA-Strängen** wechselweise
  - **Transkriptionsende an Terminatorregion** des Gens mit bestimmter Basenfolge
- **mRNA-Transport** zu den Ribosomen
- **mRNA-Anlagerung** an eine Ribosomengruppe (Polysom)
  führt zu
  - **gleichzeitiger Synthese** mehrerer Proteinmoleküle
- **Translation** im Plasma bzw. an den Ribosomen
  - **tRNA-Moleküle** binden ATP-aktivierte Aminosäuren
  - **Aminosäurentransport** durch die tRNA zu den Ribosomen
  Beginn der Proteinsynthese durch
  - **Startcodon** der mRNA
    - **AUG**
  - **Anlagerung der tRNA-Anticodons** an komplementäre Codons der mRNA
  - **Verknüpfung der Aminosäuren** zu Polypeptiden
  Beenden der Proteinsynthese durch
  - **Stop-Codon** (Terminator-Codon) der mRNA
    - **UAA, UAG oder UGA**

Molekulargenetik erforscht die molekularen Abläufe bei der Genaktivität

ein-Gen-ein-Polypeptid-Hypothese ein Gen codiert nur ein Protein; entspricht der früheren ein-Gen-ein-Merkmal-Hypothese

Mosaikgen bei Prokaryonten selten, bei Eukaryonten häufig vorkommender Gentyp; gekennzeichnet durch Introns und Exons genannte DNA-Abschnitte; die Basensequenzen der Introns sind für die Proteinsynthese unerheblich

splicing (Spleißen) Herstellung der reifen mRNA durch enzymatische Entfernung der Intron-Basensequenzen aus der am Mosaikgen entstandenen prä-mRNA (Vorläufer-mRNA)

processing Herstellung der reifen mRNA durch Anhängen eines Methylguanosintriphosphatmoleküls (Cap) am Vorderende und von 200 Adenosinnukleotiden (poly-A) am Hinterende des mRNA-Moleküls

tRNA-Molekül durch teilweise Basenpaarung kleeblattartig gefaltet; besitzt eine Aminosäurenbindungsstelle mit den Basen CCA und ein aminosäurespezifisches Anticodon; es gibt mehrere tRNA-Moleküle pro Aminosäure (60 insgesamt)

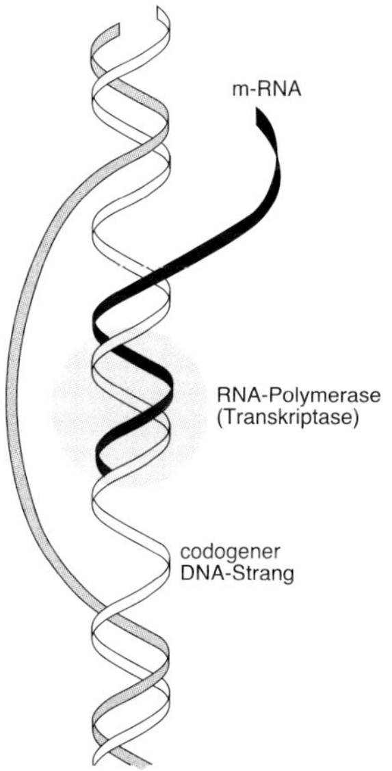

Proteinsynthese: Transkription

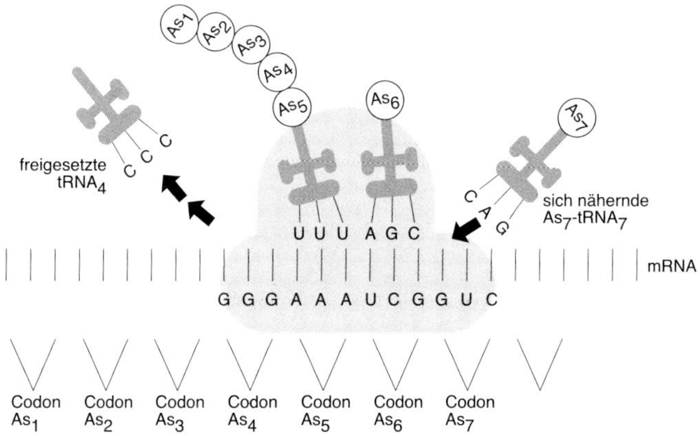

Proteinsynthese: Translation

Genregulation Regulation der Genaktivität

Erklärung durch

- **Jacob-Monod-Modell** erarbeitet an Prokaryonten
  - **Operon** Regulationseinheit von Genen
    - **Strukturgene** proteincodierend
    - **Operatorgen** einer Strukturgengruppe übergeordnetes Kontrollgen
  - **Regulatorgen**

    codiert
    - **Repressor** Operatorgen kontrollierendes Protein

      Merkmal
      - **allosterische Aktivierung/Inaktivierung**

        durch
        - **Corepressor** (Effektor) Endprodukt einer Synthese bzw. Enzymsubstrat

möglich durch

- **Substratinduktion** beim abbauenden (katabolen) Stoffwechsel

  Beispiel
  - **Lactose-Operon** (Lac-Operon) von Escherichia coli
    - **Lactose** (Milchzucker) im Nährmedium der Bakterien; Corepressor

      bewirkt
      - **allosterische Konformationsänderung** des aktiven Repressorproteins
      - **Freigabe des Operatorgens** durch den inaktiven Repressor
      - **Produktion lactoseabbauender Enzyme** durch die Strukturgene
- **Endprodukthemmung** beim aufbauenden (anabolen) Stoffwechsel

  Beispiel
  - **Tryptophan-Operon** (Trp-Operon) von Escherichis coli
    - **Tryptophan** im Bakteriennährmedium; Aminosäure; Corepressor

      bewirkt
      - **allosterische Konformationsänderung** des inaktiven Repressorproteins
      - **Reprimierung des Operatorgens** durch den aktivierten Repressor
      - **Synthesehemmung tryptophanproduzierender Enzyme** durch Hemmung der Strukturgene

Bedeutung

- **bedarfsgerechte Proteinproduktion**

Genregulation bei Eukaryonten wesentlich vielfältiger als bei Prokaryonten durch Regulation auch auf der Ebene von Transkription und Translation; wahrscheinlich fungieren die chromosomalen Proteine als Repressoren; bekannt ist die Effektorfunktion von Steroidhormonen

Genwirkkette die Enzyme eines Stoffwechselweges codierende Strukturgene; mutiert ein Strukturgen, ist der Stoffwechselweg unterbrochen

Escherichia coli Darmbakterium; bevorzugtes Untersuchungsobjekt der Molekulargenetik

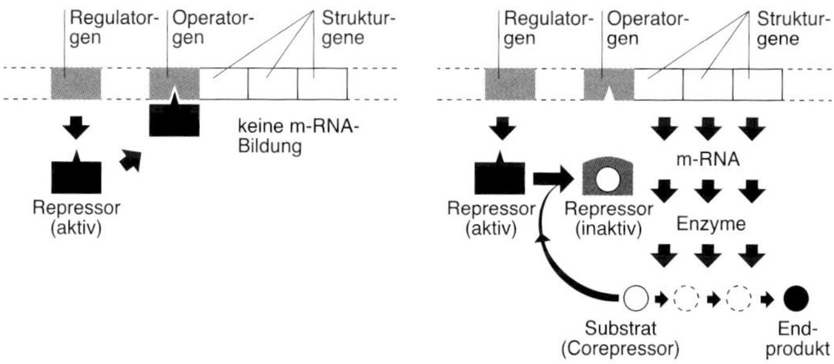

Genregulation durch Substratinduktion

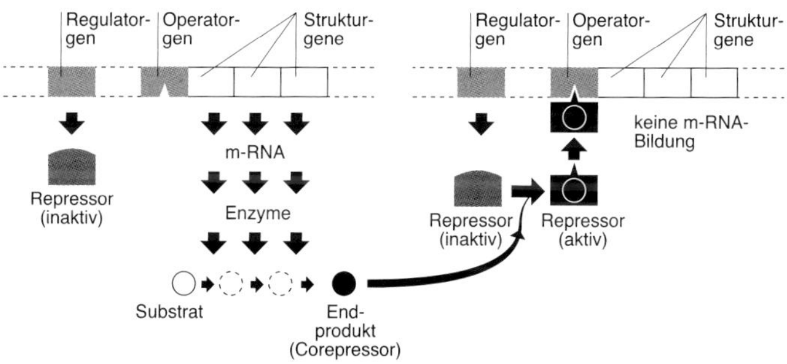

Genregulation durch Endprodukthemmung

Gentechnologie (Gentechnik) gezielter Einbau fremder Gene in ein Genom

Bedeutung

- **Erzeugung transgener Lebewesen** mit neuen Eigenschaften
  z.B.
  - **Humanproteine produzierende Bakterien** z.B. Insulinproduktion durch Escherichia coli
  - **umweltschädliche Stoffe abbauende Bakterien** z.B. Ölrückstände abbauende Pseudomonasbakterien
  - **genetisch optimierte Nutzpflanzen/-tiere** z.B. mit Herbizid-/Krankheitsresistenz
- **Bekämpfung von Gendefekten** beim Menschen

gentechnische Hilfsmittel

- **Restriktionsenzyme** (Restriktionsendonucleasen) von Bakterien; 200 sind bekannt
  Merkmale
  - **basenfolgenspezifische DNA-Zerlegung** durch jedes Restriktionsenzym
  - **gerade DNA-Schnittstellen** verursachend
  - **versetzte DNA-Schnittstellen** verursachend
    Merkmal
    - **klebrige Enden** (sticky ends) Einstrangenden der DNA mit starker Paarungstendenz mit komplementären Nukleotiden
- **Passagier-DNA** von einem Restriktionsenzym aus einem Pro- oder Eukaryontengenom versetzt ausgeschnittenes Gen mit erwünschter Eigenschaft
- **Vektoren** Transportmittel für Passagier-DNA; z.B. Plasmide oder Viren

Beispiel gentechnischer Methoden

- **Übertragen der Passagier-DNA auf einen Vektor** z.B. auf ein Plasmid mit Resistenzgenen gegen die Antibiotika Tetracyklin und Ampicillin
  durch
  - **Entfernen des Tetracyklin-Resistenzgens** durch ein Restriktionsenzym
  - **Einsetzen der Passagier-DNA** anstelle des Resistenzgens durch komplementäre Ergänzung der Einstrangenden von Passagier-DNA und Plasmid
  - **screening** (Aussiebung) der Bakterien mit Passagier-DNA im Plasmid durch Ampicillinzusatz im Bakteriennährboden
  - **Klonierung** der ampicillinresistenten Bakterien

genetic engineering alle Methoden der Genmanipulation
transgen mit einem/mehreren fremden Genen ausgestattet
Humanproteine z.B. Hormone (v.a. Insulin), Interferon, Blutgerinnnungsfaktor VIII, werden bereits im industriellen Maßstab durch Bakterien erzeugt
Restriktionsenzyme ihre natürliche Funktion ist das Entfernen von Phagengenomen aus dem Bakteriengenom
Klonierung Erzeugung/Vermehrung genetisch identischer Lebewesen
Genbank (Genbibliothek) durch ein Restriktionsenzym in DNA-Abschnitte bestimmter Länge zerschnittenes Genom; besteht beim Menschen aus bis zu 1 Mio DNA-Stücken; dient der Bestimmung der Basenfolge im Genom
Gensonde zum Auffinden eines bestimmten DNA-Abschnitts aus einer Genbank verwendete, durch Erhitzen einsträngig gemachte, radioaktiv markierte DNA mit der zur gesuchten DNA komplementären Basenfolge

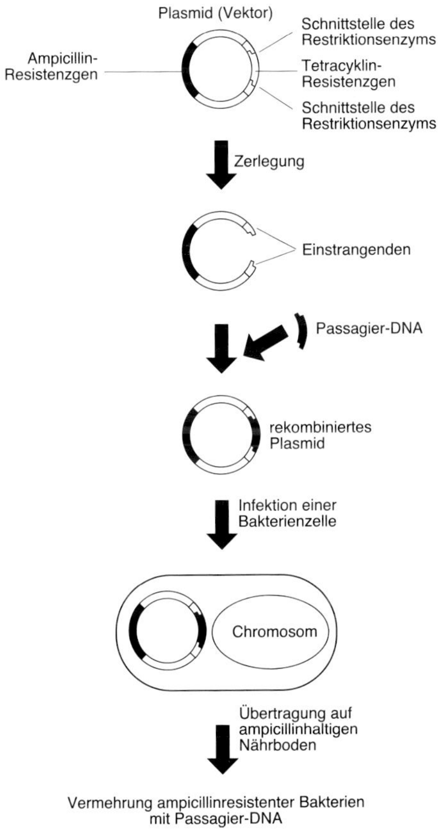

vereinfachte Darstellung gentechnischer Methoden zur Erzielung und Vermehrung transgener Bakterien

Gentechnologie [Fortsetzung]

Anwendungen

- **gentechnische Optimierung von Pflanzen**

  Voraussetzung

  - **vollständige Regenerationsfähigkeit** der Pflanze aus einer Zelle; nur bei Zweikeimblättrigen

  verwendeter Vektor

  - **Ti-Plasmid** (tumorinduzierendes Plasmid) von Agrobacterium tumefaciens

  Methoden

  - **Entfernen der tumorinduzierenden Gene** des Plasmids durch Restriktionsenzyme
  - **Einsetzen erwünschter Gene** durch dieselben Restriktionsenzyme; z.B. Gene für herbizidabbauende Enzyme, Resistenzgene gegen Krankheitserreger
  - **Infektion von Protoplasten** (zellwandlosen Pflanzenzellen) mit transformierten Bakterien
  - **Einbau des Ti-Plasmids** in das Protoplastengenom
  - **Regeneration vollständiger Pflanzen** mit erwünschten Eigenschaften aus Protoplasten

- **gentechnische Optimierung von Tieren und Mensch**

  verwendete Vektoren

  - **nichtvirulente, transformierte Viren**

    mögliche Anwendung bei

    - **Gentherapie** Behandlung von Erbkrankheiten, v.a. von blutbildendem System und Immunsystem

      z.B.

      - **Entnahme von Knochenmark** mit genetisch defekten Stammzellen der Blutzellen
      - **Einbau des transformierten Virengenoms** in das Stammzellgenom
      - **Abtöten der restlichen Stammzellen** im Knochenmark durch Röntgenstrahlen
      - **Rückübertragung des behandelten Knochenmarks** mit genetisch gesunden Stammzellen

      Nachteil

      - **Gendefekt weiterhin vererbbar**

  weitere Methoden

  - **Injektion erwünschter Gene** in den Zygotenzellkern

    mögliche Anwendungen

    - **Keimbahntherapie** vererbbare Beseitigung von Gendefekten
    - **genetische Optimierung von Nutztieren** z.B. Erzielung von Krankheitsresistenz

    bisheriger Nachteil

    - **Zufallsabhängigkeit** des Geneinbaus in das Genom

  - **Klonierung von Hochleistungstieren** einer Nutztierart mittels Austausch von Eizellkernen weniger wertvoller Tiere durch somatische Zellkerne der Hochleistungstiere

Agrobacterium tumefaciens Krankheitserreger zweikeimblättriger Pflanzen; erzeugt Wucherungen im Wurzelhalsbereich

Stickstoffassimilation durch höhere Pflanzen ist ein Hauptziel der genetischen Optimierung von Nutzpflanzen; die in das Pflanzengenom eingebrachten Prokaryontengene sind aber bisher inaktiv

transformiert mit fremden Genen ausgestattet

Stammzellen allgemein: undifferenzierte Zellen, v.a. in Geweben mit hoher Zellteilungsrate (Haut, Knochenmark); speziell: die aus der Furchung der Zygote hervorgehenden embryonalen Stammzellen, aus denen sich jedes Gewebe entwickeln kann; ethische Bedenken bestehen gegen die Produktion menschlicher Embryonen zur Stammzellgewinnung

Genomanalyse (Genomdiagnostik) Aufspüren von Gendefekten beim Menschen mittels Gensonden; Vorteil: rechtzeitige Behandlung; Nachteil: bei Bekanntwerden sich später manifestierender Gendefekte (Diabetes, Bluthochdruck, bestimmte ZNS-Erkrankungen, z.B. Alzheimersche Krankheit) kann der Genträger mit höheren Versicherungsbeiträgen oder Arbeitsplatzverlust "bestraft" bzw. können Eltern zur Abtreibung des genetisch "defekten" Fetus genötigt werden

somatische Hybridisierung künstliche Verschmelzung von Körperzellen verschiedener Arten (z.B. Mensch/Maus); bei Tieren entstehen lebensfähige, aber undifferenzierte Zellkulturen; durch Protoplastenfusion nah verwandter Pflanzenarten können sich Chimären bilden ("Tomoffel" aus Tomaten- und Kartoffelpflanze)

9. IMMUNBIOLOGIE

Immunabwehrsysteme gegen eindringende körperfremde Makromoleküle und Mikroorganismen gerichtet; nur bei Tieren und beim Menschen

- **unspezifisches Abwehrsystem** unspezifisch wirksame Abwehrstoffe und -zellen bei allen Tieren
    - **humorales Abwehrsystem** in Körperflüssigkeiten

      Abwehrstoffe
        - **Lysozym** Hydrolase im Speichel und der Tränenflüssigkeit

          Wirkungsweise
            - **Abbau der Mureinzellwand** von Bakterien
        - **Interferon** von virenbefallenen Zellen in die Körperflüssigkeiten abgegebenes Glykoprotein

          Wirkungsweise
            - **Störung der viralen mRNA-Bildung und Proteinsynthese**
        - **Komplementsystem** im Blutserum enthaltene inaktive Enzymvorstufen; Aktivierung durch Mikroorganismen

          Wirkungsweise
            - **Abbau der Zellmembranen** von Mikroorganismen
    - **zelluläres Abwehrsystem** in Blut, Lymphe, lymphatischen Organen und Bindegewebe

      Bestandteile
        - **Granulocyten** Fresszellen; frei im Körper beweglich
        - **Monocyten** Fresszellen; frei beweglich
        - **Makrophagen** Fresszellen; stationäre Monocyten in Milz und Lymphknoten

      Wirkungsweise
        - **Phago-/Pinocytose** körperfremde Substanzen und Mikroorganismen werden aufgenommen und verdaut

Blutserum flüssiger, nichtzellulärer Blutbestandteil ohne das Blutgerinnungsprotein Fibrinogen
Blutplasma flüssiger Bestandteil des Blutes mit allen Proteinen
lymphatische Organe Milz, Lymphknoten und Thymus
Leukocyten (weiße Blutkörperchen) zusammenfassende Bezeichnung für Granulocyten, Monocyten, Makrophagen und Lymphocyten

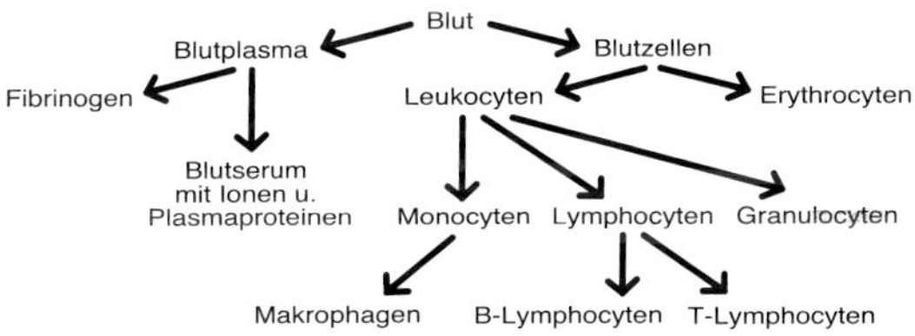

Bestandteile des Blutes

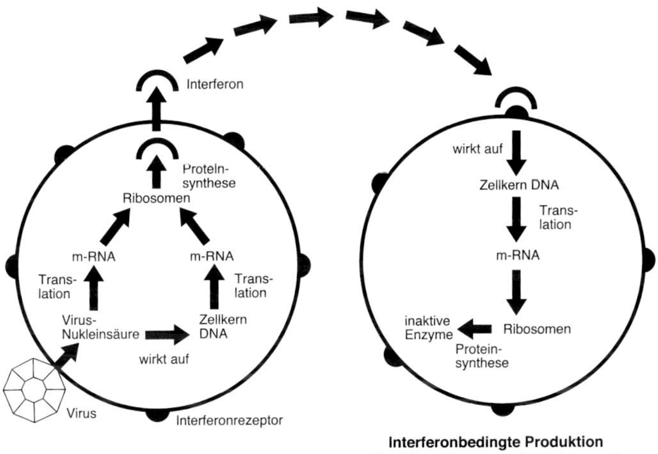

Erstinfektion

Interferonbedingte Produktion inaktiver Enzyme (z.B. Nukleasen)

Interferonwirkung

Immunabwehrsysteme [Fortsetzung]

- **spezifisches Abwehrsystem** humorale und zelluläre Abwehr; spezifisch gegen Fremdsubstanzen gebildet; nur bei Wirbeltieren
  mit
  - **Lymphocyten** 25% der Leukocyten
    Vorkommen
    - **frei beweglich** im Blut und in der Lymphe
    - **stationär** in lymphatischen Organen und im Bindegewebe
    man unterscheidet
    - **B-Lymphocyten** Bildung und Reifung im Knochenmark; produzieren Antikörper zur humoralen Abwehr
    - **T-Lymphocyten** Bildung im Knochenmark, Reifung im Thymus; zelluläre Abwehr
    Funktion
    - **Abwehr von Antigenen** (Immunogenen)
      z.B. von
      - **Makromolekülen**
        - **Proteine, Polysaccharide, Lipide**
      - **Mikroorganismen** Krankheitserreger
        - **Viren, Bakterien, Pilze**
      - **körperfremdem Gewebe**
      durch
      - **Antikörper** (Immunglobuline, Ig) globuläre Glykoproteine; Produktion nur durch B-Lymphocyten; speziell gegen das jeweilige Antigen gebildet
        Molekülstruktur
        - **vier Y-förmig angeordnete Polypeptidketten** je zwei leichte und zwei schwere Ketten durch Disulfidbrücken verbunden
        - **meist zwei Antigenbindungsstellen** pro Antikörpermolekül
        man unterscheidet
        - **IgG** häufigste Antikörperform
        - **IgM** Antikörper gegen Mikroorganismen mit fünf Antigenbindungsstellen
        - **IgA** auf Schleimhäuten befindliche Antikörper
        - **IgE** an die Zellmembran von Mastzellen gebundene Antikörper
        - **IgD** an die Zellmembran von B-Lymphocyten gebundene Antikörper
      - **zelluläre Abwehr** der T-Lymphocyten

Thymus bei Kindern stark entwickeltes, bei Erwachsenen rückgebildetes lymphatisches Organ hinter dem Brustbein; Fehlen des Thymus bewirkt mangelhafte Ausbildung der T-Lymphocyten und mangelhafte Abwehrreaktionen (Immunschwäche)

Mastzellen stationär im Bindegewebe vorkommende Lymphocyten mit hohem Gehalt an Histamin und anderen Gewebshormonen; verantwortlich für allergische Reaktionen

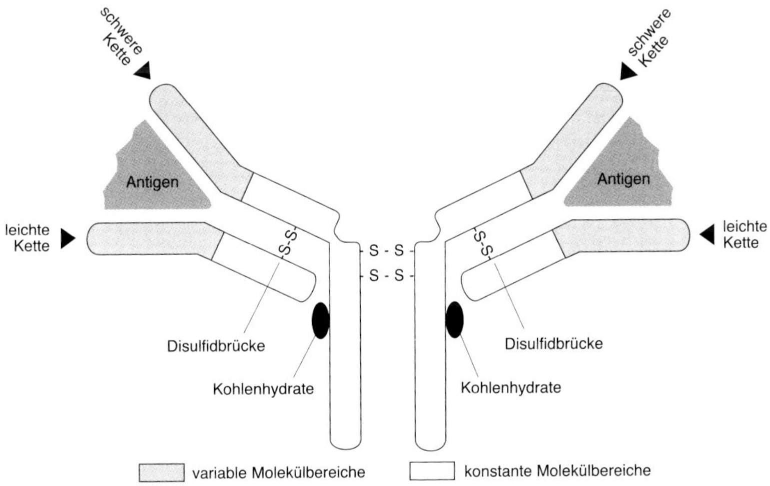

IgG-Antikörpermolekül

Abwehrvorgang (Immunantwort, Immunreaktion) Kombination von unspezifischem und spezifischem Abwehrsystem

Erkennungsphase

- **Eindringen eines Antigens** in den Körper
- **Phagocytose des Antigens** durch Fresszellen
- **Veränderung der MHC-Proteine** (major histocompatibility complex) der Fresszellenmembran
- **Erkennen der veränderten Membranstruktur** durch Membranrezeptoren der T-Lymphocyten

Differenzierungsphase

- **Vermehrung und Differenzierung der T-Lymphocyten**
  zu
  - **T-Helferzellen**
    bilden
    - **Interleukine** Gewebshormone zur Stimulierung der B-Lymphocyten
  - **T-Killerzellen** vernichten veränderte Fresszellen enzymatisch
  - **T-Suppressorzellen**
- **Vermehrung und Differenzierung der B-Lymphocyten**
  zu
  - **Plasmazellen** produzieren Antikörper; Lebensdauer einige Wochen
  - **Gedächtniszellen** unbegrenzte Lebensdauer; bewirken lebenslange Immunität gegen bestimmte Infektionskrankheiten

Wirkungsphase

- **Bildung von Immunkomplexen** (Antigen-Antikörper-Komplexen) Bindung von jeweils zwei Antigenen an einen Antikörper; das Antigen verschwindet

Abschaltphase

- **Beenden der Antikörperbildung** durch T-Suppressorzellen

Sonderform

- **Allergie** (Überempfindlichkeitsreaktion) überschießende Abwehrreaktion gegen bestimmte Antigene
  auslösende Antigene z.B.
  - **Pollen**
  - **Hausstaub, Tierhaare**
  - **Lebens-, Arznei- und Reinigungsmittel**

  Kennzeichen
  - **übermäßige IgE-Produktion**
  - **Anlagerung der IgE an Mastzellen**
  - **Ausschüttung von Gewebshormonen** aus den Mastzellen
    führt z.B. zu
    - **Haut-/Schleimhautentzündung** Erweiterung und Durchlässigwerden der Blutgefäße
      erkennbar als
      - **Hautausschlag, Heuschnupfen**
    - **Asthma** Kontraktion der glatten Atemwegsmuskulatur

MHC-Proteine für jedes Individuum spezifische, membrangebundene Glykoproteine; Gewebe mit fremden MHC-Proteinen wird von T-Lymphocyten als Antigen erkannt und zerstört

Transplantation Übertragung fremder Organe; um die durch fremde MHC-Proteine verursachte Gewebeabstoßung zu begrenzen, werden Organspender mit ähnlichen MHC-Proteinen bevorzugt und immunsuppressive Medikamente eingesetzt

Klon-Selektionstheorie aus der Vielzahl der B-Lymphocyten kommen nur diejenigen zur Vermehrung und Antikörperbildung, deren an der Zelloberfläche liegenden Antikörper dem Antigen molekular entsprechen

monoklonale Antikörper durch Verschmelzen von Zellen aus antikörperproduzierenden B-Lymphocytenklonen mit Myelomzellen (cancerös entartete B-Lymhocyten mit unbegrenzter Lebensdauer) gewonnene Antikörper; werden in der Medizindiagnostik und Forschung zum Nachweis geringster Substanzmengen gebraucht

Autoimmunkrankheiten gegen körpereigenes Gewebe gerichtete Abwehrreaktionen, z.B. Zerstörung des Gelenkknorpels bei Arthritis; Muskelschwund durch Antikörperbildung gegen die Acetylcholinrezeptoren der postsynaptischen Muskelfasermembran; Ursachen unbekannt

Allergie auch niedermolekulare Substanzen, z.B. Metalle, können durch Bindung an Proteine im Körper als Antigen wirken

Desensibilisierung Behandlung einer Allergie durch häufige Gabe kleiner Antigenmengen

Schutzimpfung (Immunisierung) gegen Krankheitserreger

man unterscheidet

- **aktive Immunisierung** Impfung mit abgetöteten oder abgeschwächten Krankheitserregern

  führt zu

  - **körpereigener Antikörperbildung**
  - **lebenslanger Immunität** durch Gedächtniszellbildung

  Anwendung

  - **Schutz vor noch nicht ausgebrochenen Infektionskranheiten**
- **passive Immunisierung** Impfung mit Antikörpern aus dem Blutserum geimpfter Tiere

  Anwendung

  - **Unterstützung der körpereigenen Abwehr** bei bereits ausgebrochener Infektionskrankheit

  Nachteile

  - **Abwehrreaktion gegen fremdes Blutserum**
  - **keine lebenslange Immunität**

Blutgruppen und Rhesusfaktor wichtige Blutmerkmale

- **AB0-System** nach Landsteiner
  - **Blutgruppe A**

    Kennzeichen

    - **Erythrocytenmembran mit Glykolipid Typ A**
    - **Blutserum mit Antikörper Anti-B**
    - **Agglutination** (Verklumpung) bei Vermischen mit Blut der Blutgruppe B
  - **Blutgruppe B**

    Kennzeichen

    - **Erythrocytenmembran mit Glykolipid Typ B**
    - **Blutserum mit Antikörper Anti-A**
    - **Agglutination** bei Vermischen mit Blut der Blutgruppe A
  - **Blutgruppe AB**

    Kennzeichen

    - **Erythrocytenmembran mit Glykolipiden Typ A und B**
    - **Blutserum ohne Antikörper**
    - **keine Agglutination** bei Vermischen mit Blut der Blutgruppen A und B
  - **Blutgruppe 0**

    Kennzeichen

    - **Erythrocytenmembran ohne Glykolipide**
    - **Blutserum mit Antikörpern Anti-A und Anti-B**
    - **Agglutination** bei Vermischen mit Blut der Blutgruppen A und B
- **Rhesusfaktor** (Rh-Faktor)

  man unterscheidet

  - **Rh-positives Blut** Erythrocyten mit Rh-Merkmal
  - **rh-negatives Blut** Erythrocyten ohne Rh-Merkmal; Blutserum bildet Antikörper gegen Rh-positives Blut

Erythrocyten rote Blutkörperchen

Rhesusfaktorunverträglichkeit Antikörper im Blut rh-negativer Mütter führen zur Hämolyse (Zerstörung der roten Blutkörperchen) bei Rh-positiven Ungeborenen und Neugeborenen

Serum Anti B	Serum Anti A	
+	+	Blutgruppe AB
+	−	Blutgruppe B
−	+	Blutgruppe A
−	−	Blutgruppe O

+ Agglutination — keine Agglutination

Bestimmung der Blutgruppen

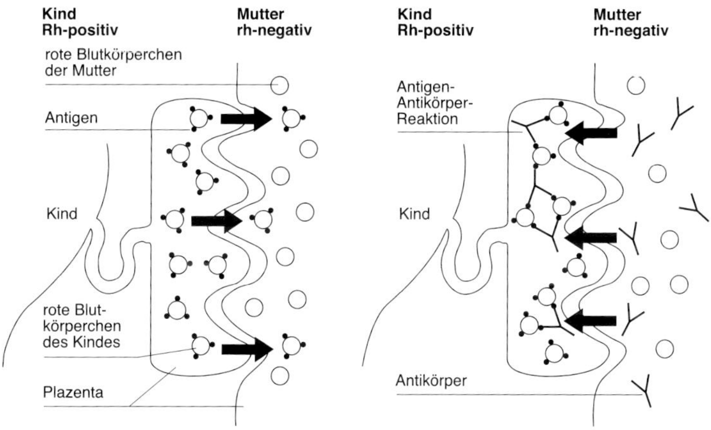

schematische Darstellung der Rhesusfaktor-Unverträglichkeit

Immunschwäche angeborener oder erworbener Lymphocyten- oder Antikörpermangel

z.B.

- **Aids** (Acquired immunodeficiency syndrome) durch Infektion erworbene Immunschwächekrankheit des Menschen

  Erreger

  - **HI-Virus** (HIV, Human Immunodeficiency Virus) RNA-Virus

    Kennzeichen

    - **Retrovirus** Virus-RNA wird in den befallenen Zellen durch reverse Transkriptase in DNA umgebaut

      Wirkung

      - **Einbau der Virus-DNA in das Genom von T-Helferzellen**

        führt zu

        - **Latenzphase der Krankheit** Verzögerung des Krankheitsausbruchs bis zu 15 Jahren

  Infektionsverlauf

  - **Virusübertragung**

    durch

    - **Blut, Samen- und Scheidenflüssigkeit** Virengehalt anderer Körperflüssigkeiten minimal
  - **Befall der T-Helferzellen**
  - **Auftauchen von HIV-Antikörpern** im Blut; ermöglicht Infektionsnachweis
  - **Latenzphase**
  - **Krankheitsausbruch** auslösende Ursache noch unbekannt
    - **Vermehrung des Virus** in den T-Helferzellen
    - **Zerstörung der veränderten T-Helferzellen** durch T-Killerzellen

      führt zu

      - **Verschwinden der T-Helferzellen**
      - **steigendem Anteil von T-Suppressorzellen**

        führt zu

        - **Zusammenbruch des Abwehrsystems**
        - **Tod durch Folgeinfektionen** mit anderen Krankheitserregern

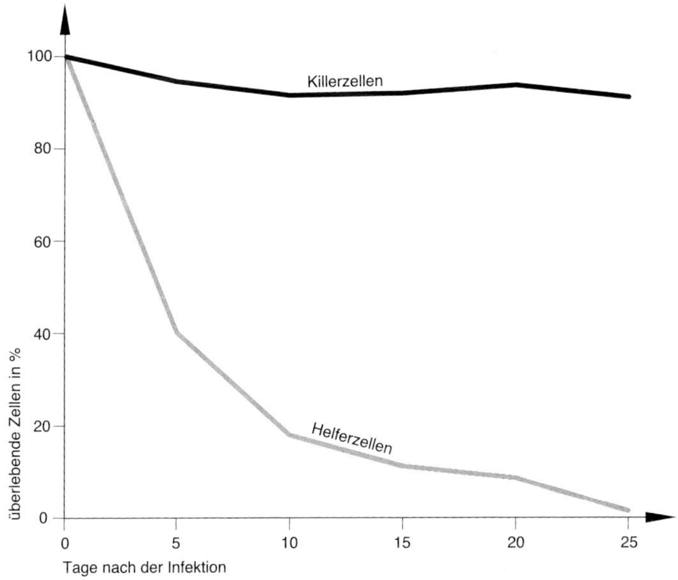

Killer- und Helferzellen nach Infektion mit dem HI-Virus

10. EVOLUTION

Evolutionsbeweise

- **Homologie der Organe** gleicher Grundbauplan, aber unterschiedliche Funktion von Organen bei verwandten Arten

  Kriterien
  - **Kriterium der Lage**
    - **gleiche Lage** der Organe im/am Körper
    - **gleiche Anzahl** der Organe

      z.B. bei
    - **Vordergliedmaßen** der Wirbeltiere
    - **Mundwerkzeugen** der Insekten
  - **Kriterium der spezifischen Qualität**
    - **gleicher Bauplan** der Organe

      z.B bei
      - **Hautschuppen der Haie und Säugetierzähnen**
  - **Kriterium der Kontinuität bzw. Stetigkeit** Existenz von Entwicklungsreihen
    - **Progressionsreihen** Entwicklung zu höherer Komplexität der Organe

      z.B. bei
      - **Herz und Blutkreislauf** bei Wirbeltieren
    - **Regressionsreihen** Entwicklung zu abnehmender Komplexität

      z.B.
      - **Rückbildung der Gliedmaßen** bei Eidechsenarten
      - **Rückbildung der fünffingrigen Gliedmaßen** zu einfingrigen in der Pferdeentwicklung
- **rudimentäre Organe** rückgebildete, funktionslose Organe

  z.B.
  - **Beckengürtelreste** bei Walen
  - **Steißbein** Schwanzrudiment beim Menschen
- **Atavismen** (Entwicklungsrückschläge) durch Mutation auftretende Merkmale stammesgeschichtlicher Vorfahren

  z.B.
  - **vollständige Körperbehaarung** beim Menschen
- **Brückenformen** (Übergangsformen) Bindeglieder zwischen großen systematischen Einheiten
  - **fossile Brückenformen**

    z.B.
    - **Archaeopteryx** Urvogel; mit Reptilien- und Vogelmerkmalen
    - **Ichthyostega** mit Fisch- und Amphibienmerkmalen
  - **rezente Brückenformen** (lebende Fossilien)

    z.B.
    - **Ginkgobaum** mit Farn- und Samenpflanzenmerkmalen
    - **Quastenflosser** (Latimeria) mit Fisch- und Amphibienmerkmalen

transspezifische Evolution Differenzierung der Pflanzen- und Tierarten zu höheren systematischen Einheiten

Korrelationsgesetz besteht eine Homologie bei zwei Arten, können weitere Homologien gefunden werden

Dollosche Regel Nichtumkehrbarkeit der Entwicklung; rückgebildete Organe werden auch bei Änderung der Lebensweise nicht wiedergebildet

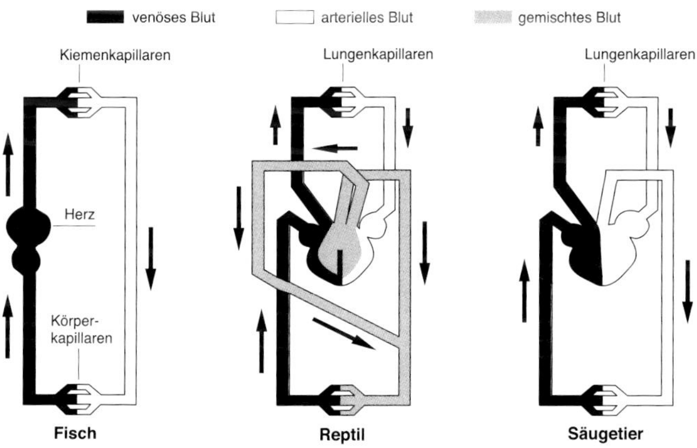

Blutkreisläufe

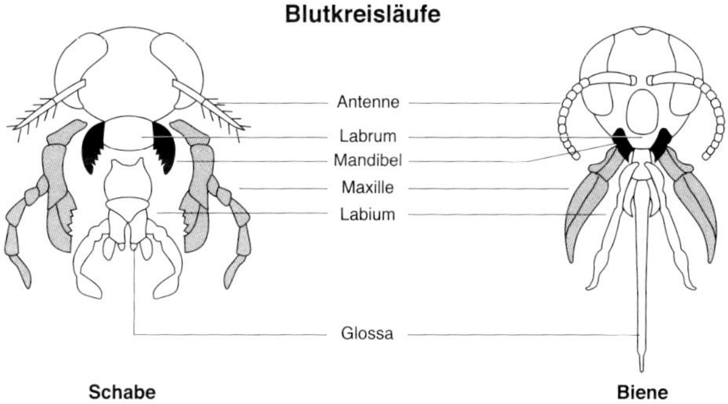

homologe Mundwerkzeuge bei Schabe und Biene

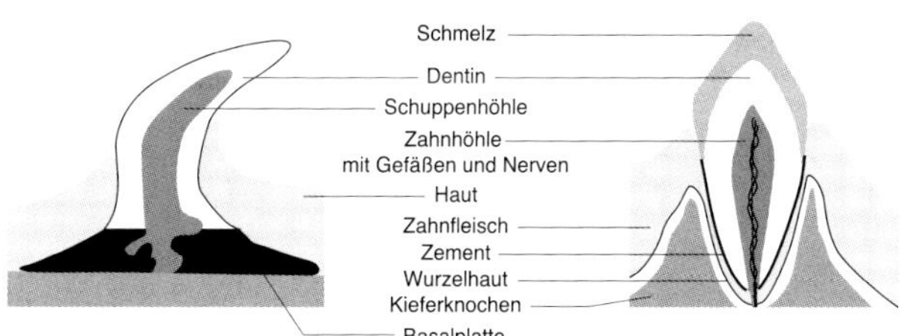

Hautschuppe

Schneidezahn des Menschen

Evolutionsbeweise [Fortsetzung]

- **Homologie von Verhaltensweisen** Verhaltensähnlichkeit bei verwandten Arten

  z.B.
  - **Klammerreflex** bei menschlichen Neugeborenen und jungen Affen
  - **Balzverhalten** der Entenvögel
- **Homologie der Keimesentwicklung**

  z.B. bei
  - **Wirbeltierembryonen** im Frühstadium der Entwicklung

    z.B. mit
    - **Kiemenbögen**
    - **flossenartigen Extremitäten**
    - **Schwanzanlage**
- **biochemische Homologie** Übereinstimmung der chemischen Grundbausteine bei allen Lebewesen

  z.B.
  - **DNA und RNA** als genetische Information
  - **Proteine** als Enzyme
- **biochemische und immunologische Verwandtschaftsnachweise**

  z.B. durch
  - **hohe Übereinstimmung der DNA-Basensequenz** bei verwandten Arten
  - **hohe Übereinstimmung der Aminosäurensequenz** von Proteinen nah verwandter Arten

    z.B. beim
    - **Hämoglobin** von Mensch und Schimpanse
  - **Serumreaktion** (Präzipitinreaktion) Antiserum gegen menschliches Serum vermischt mit Blutseren verschiedener Tierarten

    zeigt
    - **schwache/fehlende Proteinausfällung** (Präzipitatbildung) bei entfernt verwandten Arten
    - **starke Proteinausfällung** bei nah verwandten Arten
- **Fossilien** Versteinerungen; paläontologische Beweise

  Datierung durch
  - **Stratigraphie** bestimmt das Alter des Fossils nach dem Alter der Gesteinsschicht, in dem es liegt
  - **Isotopenbestimmung**
    - **Radiocarbonmethode** (^{14}C-Methode) durch die Halbwertszeit des ^{14}C von 5700 Jahren nur für junge Fossilien geeignet
    - **Kalium-Argon-Methode** ($^{40}K/^{40}Ar$-Methode) durch die große Halbwertszeit des ^{40}K von ca. 1 Mrd Jahren auch für alte Fossilien geeignet

  erlauben
  - **Aufstellen von Stammbäumen** durch Vergleich mit lebenden Organismen

biogenetische Grundregel nach Haeckel; Keimesentwicklung (Ontogenese) wiederholt verkürzt Stammesentwicklung (Phylogenese)
Leitfossilien typische Lebensformen bestimmter Erdzeitalter

Erdzeitalter	vor Mio Jahren	Lebewesen
Erdaltertum (Paläozoikum)		
Kambrium	600	Algen
Ordovizium	500	Wirbellose
Silur	450	Fische
Devon	400	Landpflanzen
Karbon	350	erste Wälder
Perm	280	Amphibien, Reptilien
Erdmittelalter (Mesozoikum)		
Trias	220	Riesenfarne
Jura	190	Saurier
Kreide	135	Laubbäume, Säugetiere
Erdneuzeit (Känozoikum)		
Tertiär	70	Säugetiere
Quartär	2	Mensch

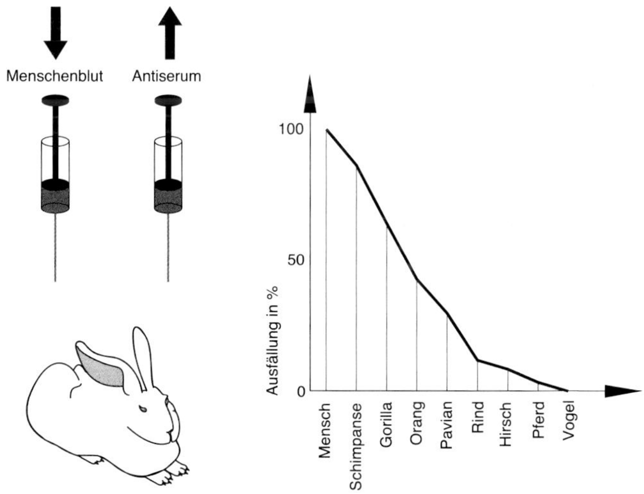

Serumreaktion

Evolutionstheorien

- **Theorie von der Konstanz der Arten** Unveränderlichkeit der Arten; von der Antike bis ins 18. Jahrhundert vertreten; religiös begründet
- **Evolutionstheorie nach Lamarck** (1744-1829)
  - **Prinzip des Gebrauchs und Nichtgebrauchs** Gebrauch eines Organs fördert seine Entwicklung, Nichtgebrauch hemmt sie; das Organ verschwindet
  - **Vererbung erworbener Eigenschaften** oben genannte Eigenschaften sind erblich
- **Evolutionstheorie nach Cuvier** (1769-1832)
  - **Katastrophentheorie** Veränderung nur durch Vernichtung einer Art; Ersatz durch eine ähnliche Art
- **Evolutionstheorie nach Darwin** (1809-1882)

  Artbildung durch
  - **natürliche Zuchtwahl** naturgegebener Bedingungen

    vergleichbar mit
    - **künstlicher Zuchtwahl** der Haustierzüchtung durch den Menschen

    Bedingungen
    - **Variabiltät** kein Lebewesen ist mit einem anderen identisch
    - **Überproduktion von Nachkommen**
    - **Auslese** durch “Kampf ums Dasein”; nur die am besten angepassten Organismen kommen zur Fortpflanzung
- **synthetische Evolutionstheorie** moderne Evolutionstheorie; verbindet Darwins Evolutionstheorie mit genetischen Gesetzen

Kreationismus moderne, religiös begründete Gegentheorie zur synthetischen Evolutionstheorie; postuliert durch einen Schöpfungsakt entstandene Grundarten mit allen genetischen Varianten, die je nach Umweltbedingungen ausgeprägt oder unterdrückt werden; verneint die Wirksamkeit von Evolutionsfaktoren

Katastrophen werden heute als Evolutionsfaktor anerkannt; das Aussterben der Saurier und die darauf folgende Besetzung ihrer ökologischen Nischen durch die Säugetiere wird auf den Einschlag eines Kometen oder Asteroiden zurückgeführt

Sozialdarwinismus missbräuchliche Übertragung der Darwinschen Begriffe "Kampf ums Dasein" und "Überleben des Geeignetsten" auf das menschliche Zusammenleben; Interpretation als "Recht des Stärkeren"

Populationsgenetik

Untersuchungsobjekte

- **Genpool** Gesamtheit aller Gene bzw. deren Allele in einer Population
- **Population** Fortpflanzungsgemeinschaft von Organismen einer Art in einem bestimmten Gebiet

  man unterscheidet

  - **ideale Population**

    Bedingungen

    - **unendlich groß** keine zufällige Anreicherung einzelner Allele
    - **Panmixie** gleiche Paarungswahrscheinlichkeit zwischen beliebigen Partnern
    - **keine Mutationen**
    - **keine Selektion**
    - **kein Allelaustausch** mit anderen Populationen

      durch

      - **Immigration** Einwanderung
      - **Emigration** Auswanderung
  - **natürliche Population** reale Population; Evolutionsfaktoren unterworfen

quantitative Aspekte

- **Allel- und Genotyphäufigkeiten** in idealen Populationen
  - **Hardy-Weinberg-Beziehung** Beziehung zwischen Allel- und Genotyphäufigkeiten
    - $p^2 + 2pq + q^2 = 1$
      - $d = p^2, h = 2pq, r = q^2$
  - **Allelhäufigkeiten** $p + q = 1$
    - **p für Allel A** dominant im Genlocus (Genort)
    - **q für Allel a** rezessiv im Genlocus
  - **Genotyphäufigkeiten** $d + h + r = 1$
    - **d für homozygot dominant AA**
    - **h für heterozygot Aa**
    - **r für homozygot rezessiv aa**
- **Fitness F** (Adaptivwert W, Eignung, Tauglichkeit) Fähigkeit eines Genotyps, Gene zum Genpool der nächsten Generation beizutragen
  - $F = \dfrac{\text{Nachkommenschaft des Genotyps}}{\text{Nachkommenschaft des besten Genotyps}}$
  - **F = 1** (W = 1) unter optimalen (idealen) Bedingungen
  - **F = 1 – s** (W = 1– s) unter natürlichen Bedingungen

    mit

    - **Selektionskoeffizient s**
      - **s = 1 – F** (s = 1 – W)

Genotyphäufigkeiten nach Selektion gegen Rezessive

$$p^2 + 2\,pq + \frac{q^2}{1-s} \text{ ungleich } 1$$

normiert erhält man

$$\frac{p^2}{1-sq^2} + \frac{2\,pq}{1-sq^2} + \frac{q^2\,(1-s)}{1-sq^2} = 1$$

Allelhäufigkeit q_{F1} nach Selektion gegen Rezessive

$$q_{F1} = \frac{pq}{1-sq^2} + \frac{q^2\,(1-s)}{1-sq^2} = \frac{q^2\,(1-s) + pq}{1-sq^2} = \frac{q\,(1-sq)}{1-sq^2}$$

$$\text{wegen } q = \frac{h}{2} + r \quad \text{und } p = 1 - q$$

Allelhäufigkeitsänderung

$$\Delta q = q_{F1} - q = -\frac{sq^2\,(1-q)}{1-sq^2}$$

Verwandten-Selektion (kin selektion) Förderung der Fitness einer Population durch Fortpflanzungsverzicht von Individuen zugunsten naher Verwandter mit fast identischem Genom, z.B. in Insektenstaaten; führt bei sozial lebenden Säugetieren zu Altruismus ("uneigennützigem" Verhalten)

Evolutionsfaktoren verändern die Genfrequenz in einer realen Population

- **Mutationen** zufällige Änderungen genetischen Materials; eine Ursache der Variabilität von Lebewesen
  - **Genmutation** (Punktmutation) Änderung einer oder mehrerer Basen der DNA
  - **Chromosomenmutation** Verlorengehen, Verdoppelung, Austausch oder Umkehrung von Chromosomenabschnitten
  - **Genommutationen** Änderung der Chromosomenzahl
- **Rekombination** neue Genkombinationen bei geschlechtlicher Fortpflanzung; Erweiterung der Variabilität durch neue Phänotypen
- **Selektion** (Auslese) Bevorzugung/Benachteiligung von Lebewesen aufgrund ihres Genotyps

  wirkt durch
  - **Selektionsfaktoren**
    - **abiotische Selektionsfaktoren**

      z.B.
      - **Temperatur**
      - **Niederschlag**
      - **chemische Zusammensetzung** der Luft und des Bodens
    - **biotische Selektionsfaktoren**

      z.B.
      - **Fressfeinde**
      - **Parasiten**
      - **Nahrungskonkurrenten**
  - **Selektionsdruck** Summe der Selektionsfaktoren

  man unterscheidet
  - **richtende Selektion** (transformierende Selektion) bewirkt Anpassung an veränderte Bedingungen
  - **stabilisierende Selektion** Ausmerzen genetischer Abweichungen bei gleich bleibenden Bedingungen
  - **spaltende Selektion** (disruptive Selektion) Förderung mehrerer genetischer Varianten bei entsprechenden Bedingungen
- **Genfluss** Änderung der Genfrequenz in einer Teilpopulation durch Vermischen mit anderen Teilpopulationen
- **Gen-Drift** Änderung von Genfrequenzen durch Zufallsereignisse; populationsgrößenabhängig; führt zu Allelverlust bzw. Allelfixierung

  z.B. durch
  - **Vernichtung** eines Großteils einer Population
  - **Abtrennung von Kleinstpopulationen** z.B. bei Neubesiedlung eines Gebiets durch wenige Individuen (Gründerpopulation)

Mimese Schutzstrategie gegen Feinde durch Tarnform und -farbe, z.B. beim Wandelnden Blatt (Gespenstheuschrecke)

Mimikry Schutzstrategie gegen Feinde durch Nachahmung eines wehrhaften Lebewesens; z.B. Schwebfliegen: ahmen Wespen nach; Taubnessel: ahmt Brennessel nach

Sexualdimorphismus abweichendes Aussehen von Männchen und Weibchen; Weibchen wählt das auffallendste, stärkste Männchen zum Geschlechtspartner (geschlechtliche Zuchtwahl); bei Arten mit Beteiligung der Männchen an der Brutpflege ist der Sexualdimorphismus weniger ausgeprägt, da Auffallen ein Selektionsnachteil ist

Industriemelanismus Beispiel für richtende Selektion beim hellgrauen Birkenspanner; Fortpflanzungsvorteil durch bessere Tarnung dunkelfarbiger Mutanten in Gebieten mit hoher Luftverschmutzung und dunkel verfärbter Baumrinde

balancierte Polymorphie Beispiel stabilisierender Selektion trotz nachteiligem Gen; homozygot vererbte Sichelzellenanämie ist tödlich; heterozygote Genotypen mit schwachen Krankheitszeichen sind durch ihre Malariaresistenz in Malariagegenden selektiv bevorzugt

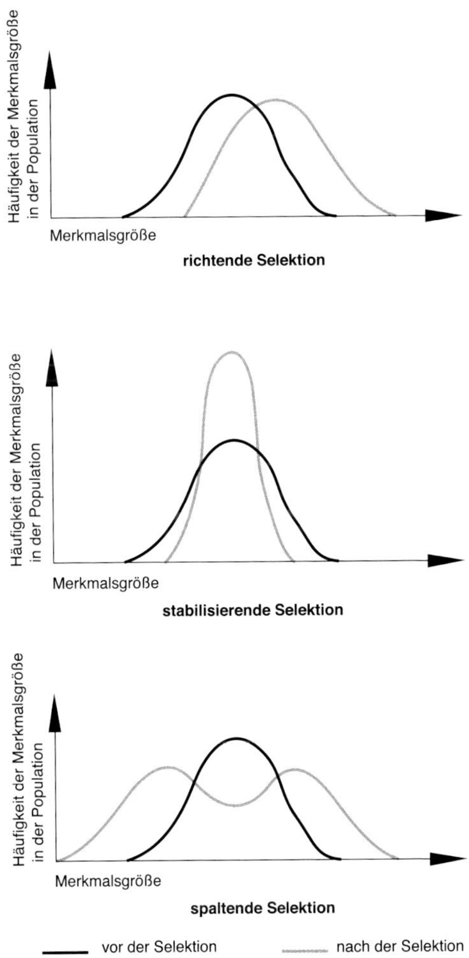

Selektionstypen

Kulturpflanzenzüchtung und Domestikation

- **Kulturpflanzenzüchtung**
  Grundlagen
  - **Mutationen** erzeugen Variabilität bei Pflanzen
  - **Selektion** nach den Bedürfnissen des Menschen (künstliche Zuchtwahl)

  Folge
  - **große Formenmannigfaltigkeit** gegenüber Wildarten
    Beispiel
    - **Kohl** mit ca. 10 Rassen

  man unterscheidet
  - **Selektionszüchtung** (Auslesezüchtung) Auslese und Vermehrung einer Pflanze mit erwünschten Eigenschaften
  - **Kreuzungszüchtung** Kombination artgleicher oder artverschiedener Pflanzen mit erwünschten Eigenschaften durch künstliche Bestäubung

  Kennzeichen von Kulturpflanzen
  - **Größenzunahme** v.a. der vom Menschen genutzten Teile
    durch
    - **Polyploidisierung** Vervielfachung des Genoms
      erreicht durch
      - **Artenkreuzung** (Bastardierung) natürlich oder künstlich herbeigeführt
      - **Behandlung mit Mutagenen** z.B. Colchicin
  - **Verlust von Gift- und Bitterstoffen**
  - **Unfähigkeit zur geschlechtlichen Fortpflanzung** bei Pflanzen mit ungeradem Chromosomensatz
    führt zu
    - **Bildung samenloser Früchte** (Apokarpie) z.B. bei Kulturbanane
- **Domestikation** von Wildtieren zu Haustieren
  Grundlage
  - **Selektion** nach den Bedürfnissen des Menschen; Ausschalten stabilisierender Selektion

  Folge
  - **große Formenmannigfaltigkeit** gegenüber Wildarten
    Beispiel
    - **Haushund** mit ca. 300 Rassen; Wildart ist der Wolf

  Domestikationsmerkmale
  - **Hängeohren**
  - **Fellscheckung**
  - **Verkürzung des Gesichtsschädels** (Mopsköpfigkeit) v.a. bei Zwergrassen
  - **Verringerung des Gehirngewichts** nicht erblich; wird durch Verwilderung rückgängig gemacht

Polyploidie bei Pflanzen weit verbreitet; Selektionsvorteil durch größere Vitalität; in klimatisch ungünstigen Gegenden sind ca. 90% der Pflanzenarten polyploid

Rassen- und Artbildung (Speziation)

- **Rasse** (Subspezies) Teilpopulation innerhalb einer Art; Individuen unbegrenzt fortpflanzungsfähig mit Individuen anderer Teilpopulationen

  Rassenbildung

  - **Aufspaltung** einer ein großes Gebiet bewohnenden Population in Teilpopulationen mit abweichenden Gen-Pools

    z.B. beim

    - **Tiger** mit sieben Rassen in Asien

- **Art** (Spezies) alle untereinander fortpflanzungsfähige Individuen

  Artbildung

  - **allopatrische Artbildung** räumlich getrennte Entwicklung von Teilpopulationen

    durch

    - **geographische Isolation** (Separation) Verlust der Verbindung einer Teilpopulation zur Restpopulation; z.B. auf Inseln

      führt zu

      - **Fortpflanzungsisolation** Paarungshemmnisse zwischen Individuen der Teilpopulationen

        durch

        - **Ausbildung von Verhaltensunterschieden**
        - **unterschiedliche Fortpflanzungs-/Blütezeiten**

    durch

    - **ökologische Isolation** Teilpopulationen besetzen verschiedene ökologische Nischen

      führt zu

      - **adaptiver Radiation** Aufspaltung in zahlreiche Arten durch Besiedelung eines Gebiets mit zahlreichen ökologischen Nischen

        z.B. bei

        - **Darwin-Finken** der Galapagos-Inseln

      - **Koevolution** Parallelentwicklung voneinander abhängiger Lebewesen

        z.B. bei

        - **Blütenpflanzen und bestäubenden Tieren**

      - **Konvergenz** Ähnlichkeit unterschiedlicher Arten durch ähnliche Lebensweise

        führt zu

        - **Analogie** Anpassungsähnlichkeit von Organen

          z.B. bei

        - **Fischen - Delfinen**
        - **Kakteengewächsen - Wolfsmilchgewächsen**

  - **sympatrische Artbildung** Entwicklung von Teilpopulationen im gleichen Gebiet

    durch

    - **genetische Isolation** Genommutation bei einer Teilpopulation

      z.B. bei

      - **Entwicklung des Kulturweizens** durch Polyploidisierung

infraspezifische Evolution Differenzierung einer Art zu neuen Arten

Fortpflanzungsisolation zeigt sich auch durch Sterilität von Artbastarden; das Maultier als Artbastard von Pferd und Esel ist fortpflanzungsunfähig

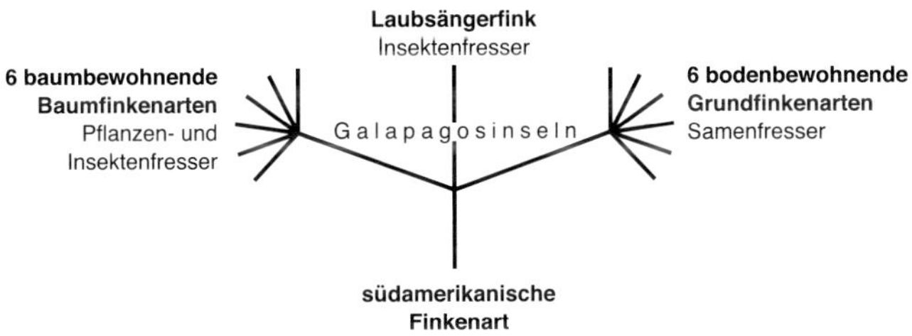

adaptive Radiation bei den Darwin-Finken

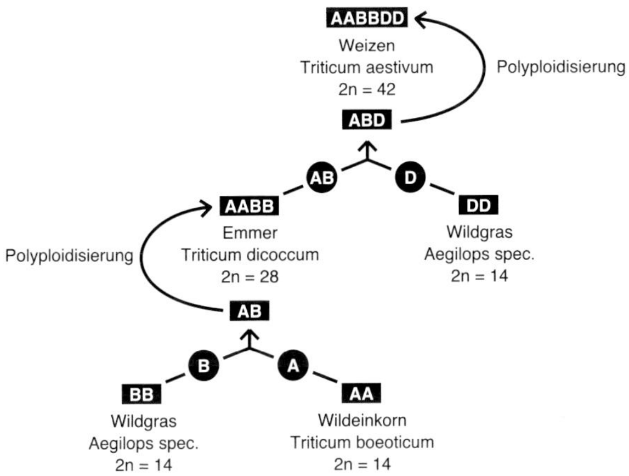

Zucht des Kulturweizens durch Artenkreuzung und Polyploidisierung

chemische Evolution (abiotische Evolution) Bildung der chemischen Grundbausteine der Lebewesen

experimenteller Nachweis

- **Miller-Versuch**
  - **Nachahmung der Erduratmosphäre** durch ein Gasgemisch aus CH_4, H_2, NH_3 und H_2O als Dampf
  - **Energiezufuhr** durch elektrische Entladungen

  Ergebnis

  - **"Ursuppe"** zwanzig in Wasser gelöste organische Substanzen, u.a. Aminosäuren

  Versuchsvarianten

  - **Ergänzung des Gasgemischs** z.B. mit NO_x, H_2S
  - **Zufuhr anderer Energieformen** z.B. UV-Strahlen

  Ergebnisse

  - **weitere organische Moleküle** z.B. Nukleotide
  - **Proteinbildung** durch Erhitzen gelöster Aminosäurengemische auf Lavagestein oder Tonerde
    - **Bildung von Mikrosphären** membranumhüllte Proteinkügelchen mit Wachstumstendenz und katalytischen Eigenschaften

biotische Evolution Entwicklung der Lebensvorgänge und erster Lebewesen

- **Hyperzyklus-Modell** nach Eigen; Selbstorganisation der Materie
  - **Informationsmoleküle** entstanden aus Nukleotiden

    codieren

    - **Funktionsmoleküle** Proteine; katalytisch wirksam

      kontrollieren

      - **Bildung der Informationsmoleküle**
  - **Mutationen der Informationsmoleküle**

    führen zu

    - **Änderungen der Funktionsmoleküle**
    - **Selektion der Funktionsmoleküle** durch Umwelteinflüsse
- **Entwicklung von Stoffwechselvorgängen**
  - **primäre Heterotrophie** bei Bakterien
    - **Gärung** Energiegewinn durch Abbau organischer Moleküle ohne Sauerstoff
  - **Autotrophie** bei Bakterien, Cyanobakterien, Pflanzen
    - **Chemosynthese** ohne O_2-Bildung
    - **Photosynthese** mit O_2-Bildung

      führte zu

      - **Sauerstoffanreicherung der Uratmosphäre**
      - **sekundärer Heterotrophie** bei Pilzen und Tieren
        - **Atmung** Energiegewinn aus organischen Stoffen mit Hilfe des O_2 der Photosynthese

physikalische Evolution Entstehung der für die biotische Evolution relevanten Elemente (C, O, N, S, P und Metalle) durch Kernfusion in Fixsternen; deren Explosion als Supernovae setzt die schweren Elemente frei, die sich sekundär zu Planeten formen können

kulturelle Evolution Mechanismen vergleichbar mit biotischer Evolution, aber viel schnellerer Verlauf: statt DNA Sprache, Schrift und Bilder als Informationsträger, statt Mutationen wechselnde Weltanschauungen und Moden, die je nach Brauchbarkeit übernommen oder verworfen werden (Selektion)

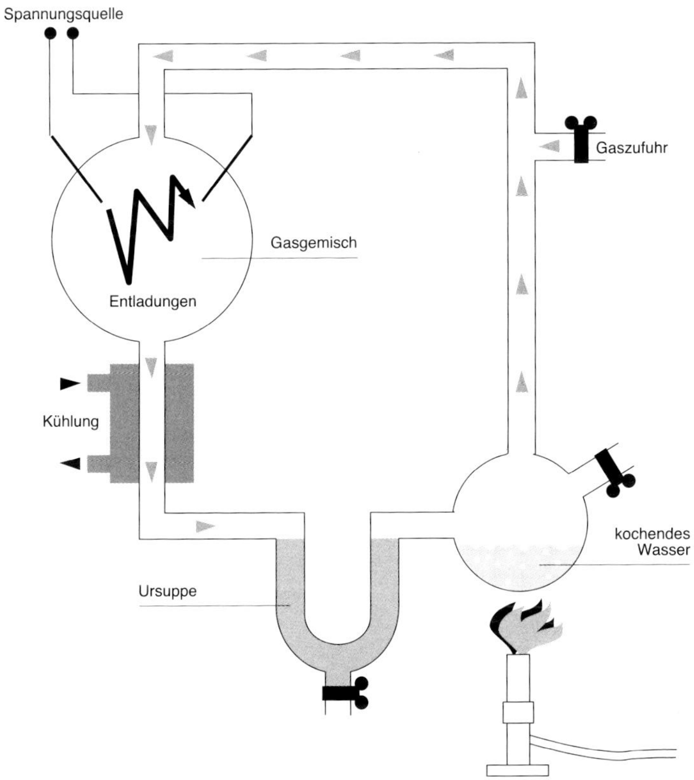

schematische Darstellung des Miller-Versuchs

biotische Evolution [Fortsetzung]

- **Entwicklung von Prokaryonten** bilden älteste Fossilien
- **Entwicklung der Eukaryonten**

  Erklärung durch

  - **Endosymbiontenhypothese** Entwicklung von Plastiden und Mitochondrien aus in die Eucyte eingedrungenen Prokaryonten

    Indizien

    - **genetische Eigenständigkeit** von Plastiden und Mitochondrien; keine Bildungen der Eucyte
    - **ringförmige DNA** wie bei Prokaryonten
    - **Ribosomen** entsprechen denen der Prokaryonten
    - **Proteine der inneren Mitochondrienmembran** werden von der Mitochondrien-DNA codiert
    - **Proteine der äußeren Mitochondrienmembran** werden von der Zellkern-DNA codiert

Evolution des Menschen

- **subhumane Phase** vor ca. 30 - 7 Mio Jahren

  kennzeichnende Vertreter

  - **Hominoide** Vorfahren der Menschenaffen und Menschen

    z.B.

    - **Dryopithecinen** in den Baumsavannen Afrikas, Europas und Asiens

      Kennzeichen

      - **Backenzähne** mit fünf Schmelzhöckern und Falten in Form eines doppelten Y; menschliches Merkmal

- **Hominisation** (Menschwerdung) Tier-Mensch-Übergangsfeld (TMÜ) vor ca. 7 - 3 Mio Jahren

  kennzeichnende Vertreter

  - **Praehomininen** Vormenschen
    - **Australopithecinen** in Steppen Ostafrikas

      äffische Merkmale

      - **kleiner Hirnschädel, großer Gesichtsschädel**

      menschliche Merkmale

      - **aufrechter Gang**

        Hinweise

        - **Lage des Hinterhauptlochs** in der Mitte der Schädelunterseite
        - **Becken- und Fußform**
      - **kleine Eckzähne**
      - **keine Lücke** (Diastema, “Affenlücke”) zwischen Eckzähnen und Schneidezähnen
      - **parabelförmiger Kieferbogen** bei Menschenaffen parallel
      - **Gebrauch primitiver Werkzeuge**

missing link von Darwin geprägte Bezeichnung für eine zu seiner Zeit noch nicht entdeckte, fossile, zwischen Menschenaffen und Mensch stehende Affenart; durch fließenden Übergang vom Affen zum Menschen heute überholter Begriff

Brachiatoren Schwinghangler; Bezeichnung für baumbewohnende (schwinghangelnde) Affen

Präbrachiatorenhypothese Menschen sind aus bodenbewohnenden Affen hervorgegangen; baumbewohnende Menschenaffen haben sich parallel dazu entwickelt

Brachiatorenhypothese Menschen haben sich aus baumbewohnenden Affen entwickelt; später Übergang zum Leben am Boden

Australopithecus afarensis z.B. "Lucy", gut erhaltenes weibliches Skelett; Allesfresser mit zierlichem Körperbau

Australopithecus africanus (gracilis) Allesfresser

Australopithecus robustus Pflanzenfresser mit einem Schädelkamm als Ansatz für die Kaumuskulatur

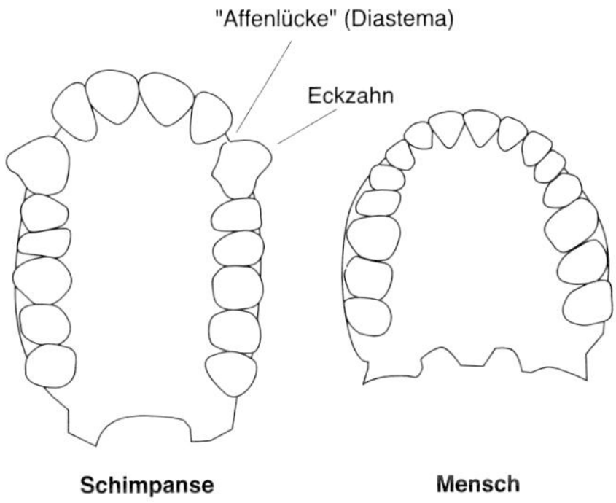

Kieferform bei Schimpanse und Mensch

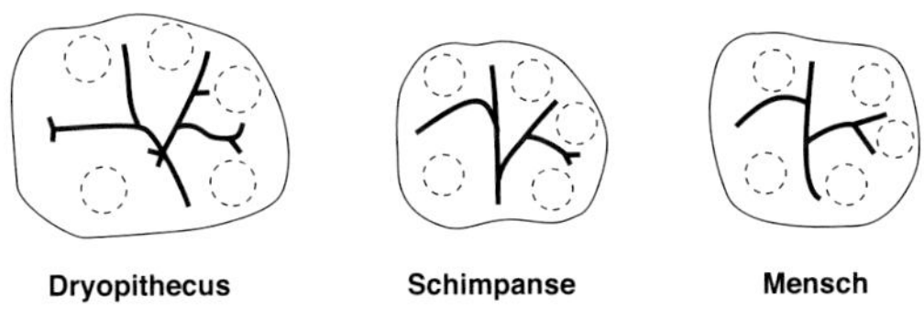

Y-5-Muster der Backenzähne von Dryopithecus, Schimpanse und Mensch

Evolution des Menschen [Fortsetzung]

- **Euhomininen** Menschen der Gattung Homo; vor ca. 3 Mio Jahren bis heute
  - **Homo habilis** in Ostafrika; lebte gleichzeitig mit Australopithecinen

    Kennzeichen
    - **größerer Hirnschädel** als Australopithecinen
    - **Fleischesser**
    - **wahrscheinlich sprachfähig**
  - **Archanthropinen** (Frühmenschen)
    - **Homo erectus** in Ostafrika, Europa und Asien

      Kennzeichen
      - **Feuerbenutzung**
      - **verbesserte Steinwerkzeuge**
  - **Paläanthropinen** (Altmenschen)
    - **Homo sapiens neanderthalensis** Neandertaler; eiszeitlicher Bewohner Europas, Nordafrikas und Vorderasiens

      körperliche Merkmale
      - **geringe Körpergröße** ca. 140 cm
      - **flaches Schädeldach**
      - **Überaugenwülste**
      - **fliehendes Kinn**

      kulturelle Merkmale
      - **kunstvolle Steinwerkzeuge**
      - **Bestattungsriten** Zeichen religiöser Vorstellungen
  - **Neanthropinen** (Jetztmenschen)
    - **Homo sapiens sapiens** älteste Fossilfunde in Ostafrika; Einwanderung in Europa wahrscheinlich am Ende der Eiszeit

      körperliche Merkmale
      - **hoher Körperbau** > 140 cm
      - **hohes Schädeldach**
      - **keine Überaugenwülste**
      - **vorspringendes Kinn**

      kulturelle Merkmale
      - **geschäftete Werkzeuge**
      - **reiche künstlerische Betätigung** geschnitzte Figuren, Höhlenmalerei
      - **religiöse Rituale**

Steinheim-/Swanscombemensch (Homo sapiens praesapiens) vor dem Neandertaler lebende Altmenschengruppe mit neanthropinen Merkmalen

Menschenrassen durch geographische Isolation entstandene Teilpopulationen des Menschen mit fließenden Übergängen in den Grenzgebieten; Europide, Mongolide, Negride, Australide

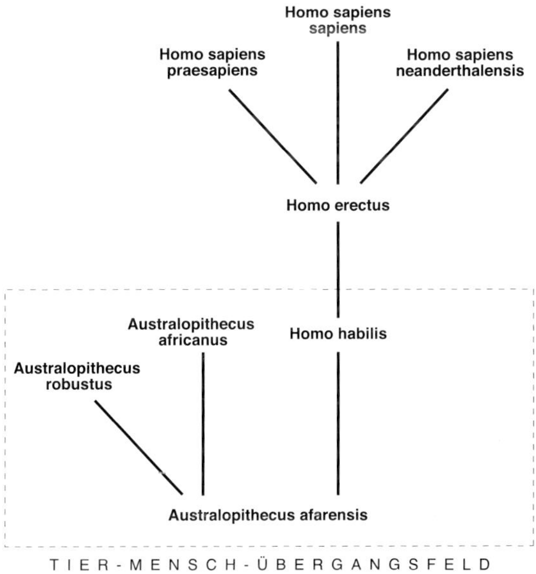

vereinfachter Stammbaum des Menschen

Systematik der Tiere vereinfacht

- **Tierreich** (Animalia)
  - **Unterreich einzellige Tiere** (Protozoa) mit mehreren Stämmen
  - **Unterreich mehrzellige Tiere** (Metazoa)
    - **Stamm Schwämme** (Porifera)
    - **Stamm Hohltiere** (Coelenterata) z.B. Süßwasserpolyp
    - **Stamm Plattwürmer** (Plathelminthes) z.B. Bandwürmer
    - **Stamm Ringelwürmer** (Annelida) z.B. Regenwurm
    - **Stamm Gliederfüßer** (Arthropoda) größte Tiergruppe; mit Spinnentieren, Krebsen und Insekten
    - **Stamm Weichtiere** (Mollusca) mit Muscheln, Schnecken, Tintenfischen
    - **Stamm Stachelhäuter** (Echinodermata) z.B. Seesterne
    - **Stamm Chordatiere** (Chordata)
      - **Unterstamm Manteltiere** (Tunicata)
      - **Unterstamm Schädellose** (Acrania) z.B. Lanzettfischchen
      - **Unterstamm Wirbeltiere** (Vertebrata)
        - **Klasse Fische** (Pisces)
        - **Klasse Amphibien** (Amphibia)
        - **Klasse Reptilien** (Reptilia)
        - **Klasse Vögel** (Aves)
        - **Klasse Säugetiere** (Mammalia)
          - **Unterklasse Kloakentiere** (Monotremata) z.B. Schnabeltier und Ameisenigel
          - **Unterklasse Beuteltiere** (Marsupialia)
          - **Unterklasse Plazentatiere** (Placentalia)

            wichtigste Ordnungen
            - **Ordnung Insektenfresser** (Insectivora) z.B. Spitzmäuse, Maulwurf, Igel
            - **Ordnung Fledermäuse** (Chiroptera)
            - **Ordnung Nagetiere** (Rodentia)
            - **Ordnung Raubtiere** (Carnivora)
            - **Ordnung Unpaarhufer** (Perissodactyla)
            - **Ordnung Paarhufer** (Artiodactyla)
            - **Ordnung Herrentiere** (Primates)
              - **Unterordnung Halbaffen** (Prosimiae)
              - **Unterordnung Affen** (Simiae)

                wichtigste Familien
                - **Familie Menschenaffen** (Pongidae)
                - **Familie Menschen** (Hominidae)
                  - **Gattung Mensch** (Homo)
                    - **Art** Homo sapiens sapiens

Systematik von Linné im 18. Jahrhundert entwickelte hierarchische Ordnung des Pflanzen- und Tierreichs auf der Grundlage von Verwandtschaft; frühere Ordnungsversuche beruhten auf Ähnlichkeit der Lebewesen, so dass z.B. Delfine bei den Fischen eingeordnet wurden

Systematik der Pflanzen und Pilze vereinfacht

- **Überreich Prokaryonten** (Prokaryota)
- **Überreich Eukaryonten** (Eukaryota)
  - **Pflanzenreich** (Plantae)
    - **Abteilung Algen** (Phycobionta) Einzeller und Vielzeller
    - **Abteilung Moose** (Bryobionta)
    - **Abteilung Farnpflanzen** (Pteridophyta)
    - **Abteilung Samenpflanzen** (Spermatophyta)
      - **Unterabteilung Nacktsamer** (Gymnospermae) z.B Nadelgehölze
      - **Unterabteilung Bedecktsamer** (Blütenpflanzen, Angiospermae)
        - **Klasse Zweikeimblättrige Pflanzen** (Dicotyledonae)

          wichtigste Ordnungen und Familien
          - **Ordnung Ranunculales**
            - **Familie Hahnenfußgewächse** (Ranunculaceae) z.B. Buschwindröschen
          - **Ordnung Papaverales**
            - **Familie Mohngewächse** (Papaveraceae)
          - **Ordnung Rosales**
            - **Familie Rosengewächse** (Rosaceae) z.B. Rose, Apfelbaum
          - **Ordnung Fabales** (Hülsenfrüchtler)
            - **Familie Schmetterlingsblütler** (Papilionaceae) z.B. Klee, Erbse, Bohne
          - **Ordnung Cactales**
            - **Familie Kakteengewächse** (Cactaceae)
          - **Ordnung Araliales**
            - **Familie Doldengewächse** (Umbelliferae) z.B. Petersilie, Möhre
        - **Klasse Einkeimblättrige Pflanzen** (Monocotyledonae)

          wichtigste Ordnungen und Familien
          - **Ordnung Liliales**
            - **Familie Liliengewächse** (Liliaceae) z.B. Lilien, Küchenzwiebel, Knoblauch
          - **Ordnung Graminales**
            - **Familie Süßgräser** (Graminaceae)
          - **Ordnung Palmales**
            - **Familie Palmen** (Arecaceae)
          - **Ordnung Orchidales**
            - **Familie Orchideengewächse**
  - **Reich Pilze** (Fungi, Mycobionta)

    wichtigste Abteilungen
    - **Abteilung Schlauchpilze** (Ascomycetes) z.B. Hefen, Schimmelpilze, Trüffel; viele Arten sind Symbiosepartner in Flechten
    - **Abteilung Ständerpilze** (Basidiomycetes) z.B. Champignon, Fliegenpilz

Pilze früher eine Abteilung des Pflanzenreichs; wegen der stets heterotrophen Lebensweise und der nicht cellulosehaltigen Zellwand werden sie heute als eigenes Organismenreich angesehen

Flechten früher eine Abteilung des Pflanzenreichs; heute zu den Schlauchpilzen als jeweils formbestimmendem Symbiosepartner gezählt

11. ÖKOLOGIE

abiotische Faktoren wachstums- und existenzbegrenzende Faktoren der unbelebten Natur

- **Licht**
  bestimmt
  - **Photosyntheseleistung**
    bei
    - **Schattenpflanzen** benötigen wenig Licht; mit großen, zarten Blättern
    - **Lichtpflanzen** benötigen viel Licht; mit kleinen, derben Blättern
  - **Photomorphogenese** Gestaltbildung unter Lichteinfluss
    Photomorphosen z.B.
    - **niedriger, polsterförmiger Wuchs** bei starker UV-Strahlung
    - **hoher Wuchs** bei geringerer UV-Strahlung
  - **Photoperiodismus** Blütenbildung unter Lichteinfluss
    zeigen
    - **Langtagpflanzen** benötigen > 12h Licht; z.B. Spinat
    - **Kurztagpflanzen** benötigen < 12h Licht; z.B. Mais
    - **Tagneutrale** unabhängig von Belichtungsdauer; z.B. Sonnenblume
- **Wasser**
  beeinflusst
  - **Pflanzengestalt**
    z.B. bei
    - **Xerophyten und Sukkulenten** hartlaubige oder wasserspeichernde Pflanzen der Trockengebiete
      Kennzeichen z.B.
      - **Wasserspeicherung** in Sprossachse und Blättern
      - **transpirationshemmende Einrichtungen**
        z.B.
        - **Reduktion der Blätter, starke Behaarung**
    - **Hydrophyten** Wasserpflanzen
      Kennzeichen z.B.
      - **Festigungsgewebe schwach** Stabilisierung der Pflanzen durch Auftrieb
      - **Xylem fehlend** kein Wasserleitungsgewebe
      - **keine Spaltöffnungen** bei untergetauchten Blättern
- **Bodenbeschaffenheit**
  z.B.
  - **Wasserhaltevermögen** schlecht bei leichten Sandböden, gut bei schweren Tonböden
  - **chemische Zusammensetzung**
    z.B.
    - **Kalkgehalt** bestimmt den pH-Wert des Bodens
    - **Mineralsalzgehalt** wichtig für Pflanzenernährung

Autökologie untersucht Einflüsse der Umwelt auf das Individuum

Synökologie untersucht Beziehungen der Lebewesen zueinander

Demökologie (Populationsökologie) untersucht den Einfluss abiotischer und biotischer Faktoren auf Populationen

Minimumfaktor der am geringsten bemessene abiotische Faktor bestimmt Wachstum bzw. Existenz

Licht beeinflusst auch Tiere: Vogelzug bei abnehmender Tageslänge; saisonales Auftreten verschiedenfarbiger Individuen, z.B. beim Landkärtchenfalter (Saisondimorphismus)

Zeigerpflanzen für bestimmte abiotische Faktoren typische Pflanzen; z.B. Sauerklee: Schattenzeiger; Wacholder: Lichtzeiger; Brennnessel: Stickstoffzeiger; Küchenschelle: Kalkzeiger; Heidekraut: Säurezeiger

Vegetationsstufen Gürtelung der Vegetation nach Höhenlage; bis 500 m: Laubmischwald; bis 1000 m: Buchen-Tannenmischwald; bis 1500 m (Baumgrenze): Nadelwald; bis 1800 m: Krummholzzone; über 1800 m: alpine Matten

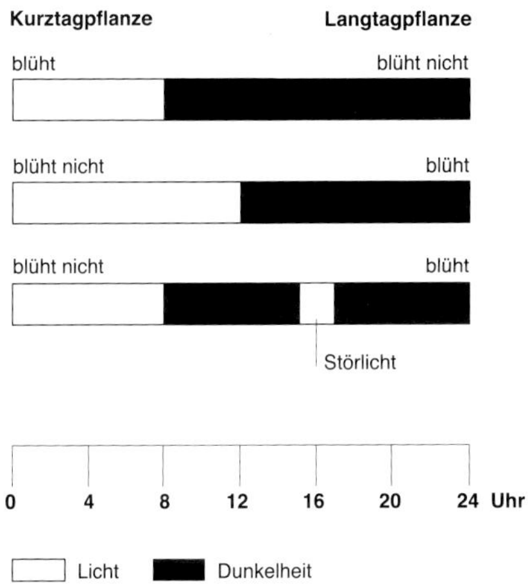

Blühverhalten von Kurztag- und Langtagpflanzen

abiotische Faktoren [Fortsetzung]

- **Temperatur**
  Anpassungserscheinungen bei Pflanzen
  - **Hitzeanpassung**
    z.B.
    - **transpirationshemmende Einrichtungen**
  - **Kälteanpassung**
    z.B.
    - **Kleinwüchsigkeit** infolge Wachstumsverlangsamung
    - **Verringerung des Wassergehalts**
  beeinflusst bei Tieren
  - **Körpergröße und Körperanhänge**
    es gelten
    - **Bergmannsche Regel** (Größenregel)
      - **kaltes Klima**
        begünstigt
        - **großwüchsige Arten und Rassen**
          Beispiel
          - **Kaiserpinguin** der Antarktis; 125 cm groß
      - **warmes Klima**
        begünstigt
        - **kleinwüchsige Arten und Rassen**
          Beispiel
          - **Galapagospinguin** am Äquator; 50 cm groß
    - **Allensche Regel** (Proportionsregel)
      - **kaltes Klima**
        begünstigt
        - **kleine Körperanhänge**
          z.B. beim
          - **Polarfuchs** mit kleinen Ohren
      - **warmes Klima**
        begünstigt
        - **große Körperanhänge**
          z.B. beim
          - **Wüstenfuchs** mit großen Ohren
  - **Aktivität**
    - **wechselwarme Tiere** (poikilotherme Tiere)
      - **Wirbellose, Fische, Amphibien, Reptilien**
        zeigen
      - **Temperaturabhängigkeit** der körperlichen Aktivität
      - **Lebensraumbeschränkung** landlebender Tiere auf warme und gemäßigte Gebiete
    - **gleichwarme Tiere** (homöotherme Tiere)
      - **Vögel und Säugetiere**
        zeigen
      - **relative Temperaturunabhängigkeit** der körperlichen Aktivität
      - **keine Lebensraumbeschränkung**

Winterschlaf starke Herabsetzung von Stoffwechsel, Herz- und Atmungsfrequenz in der kalten Jahreszeit bei einigen Säugetieren (v.a. Nagetiere)

Rasse	Körperlänge	Verbreitungsgebiet	Ø Breitengrad
Kodiakbär	3 m	Alaska	70
Grizzlybär	2.5 m	nördl. Nordamerika	67
Braunbär	2.2 m	Skandinavien/Nordrussland	64
Braunbär	1.7 m	Mittel-/Osteuropa	57

Bergmannsche Regel am Beispiel der Braunbärenrassen

biotische Faktoren von anderen Lebewesen ausgehende Einflüsse

- **Nahrungskonkurrenten**
  für sie gilt
  - **Konkurrenzausschlussprinzip** zwei Arten können nicht dieselbe ökologische Nische besetzen
    führt bei Tieren zu
    - **Konkurrenzvermeidung** durch Besetzen verschiedener ökologischer Nischen
      z.B. durch
      - **Nahrungserwerb zu verschiedenen Tageszeiten**
        z.B. bei
        - **Taggreifvögeln**
        - **Nachtgreifvögeln** (Eulen)
      - **Nahrungserwerb an verschiedenen Orten**
        z.B. bei
        - **Amsel** sucht Nahrung am Boden
        - **Kleiber** sucht Nahrung am Baumstamm
        - **Blaumeise** sucht Nahrung im Baumwipfel
    führt bei Pflanzen zu
    - **Allelopathie** chemische Hemmung konkurrierender Arten durch Wurzelausscheidungen
      z.B. beim
      - **Walnussbaum**
    - **Konkurrenzvermeidung** durch Ausweichen in andere ökologische Nischen
      möglich durch
      - **große ökologische Potenz** (ökologische Amplitude, Gedeihfähigkeit) große Toleranzbreite gegenüber abiotischen Faktoren
        z.B. bei
        - **Waldkiefer** gedeiht auch auf armen Böden
- **Feinde**
  führen zu
  - **Schutzeinrichtungen**
    z.B. bei Tieren
    - **Fluchtfähigkeit**
    - **Gehäusebildung, Stachelkleid**
    - **Gift**
    - **Mimese** Tarntracht
    - **Mimikry** Warntracht
    z.B. bei Pflanzen
    - **Dornen und Stacheln**
    - **Gift**
    - **Mimese** z.B. bei den Lebenden Steinen
    - **Mimikry**

ökologische Nische Funktion einer Pflanzen-/Tierart im ökologischen Zusammenhang; “Beruf” einer Art
euryök große Toleranzbreite und entsprechend große Verbreitung, z.B. Wanderratte
stenök geringe Toleranzbreite und geringe Verbreitung, z.B. Koalabär
Lebende Steine in Wüsten Südafrikas heimische sukkulente Pflanze mit steinähnlich aussehenden Blättern

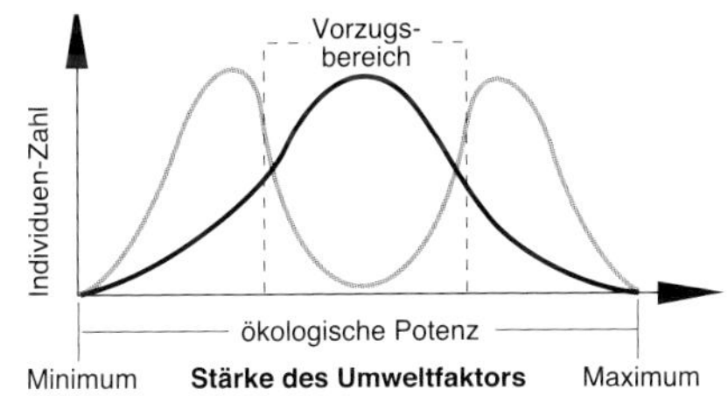

Toleranzkurve (—) der Kiefer ohne Konkurrenz und Toleranzkurve (—) der Kiefer mit Konkurrenz

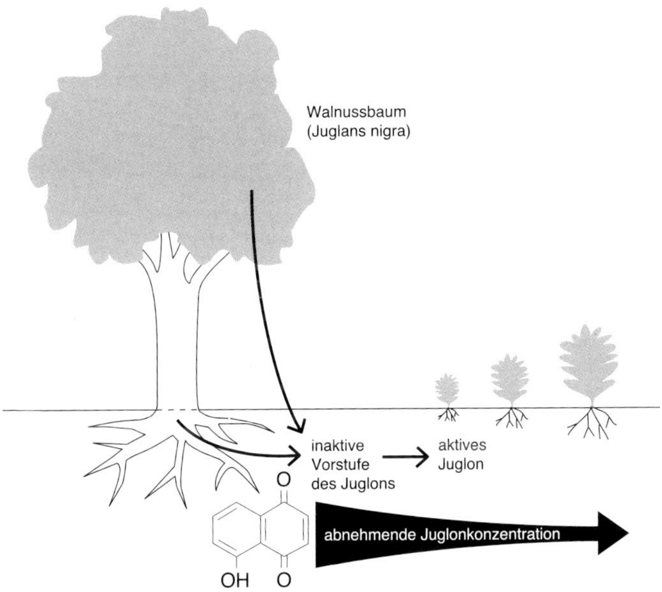

allelopathische Wirkung des Juglons auf benachbarte Pflanzen

biotische Faktoren [Fortsetzung]

- **zwischenartliche Beziehungen**
  - **Symbiose** Zusammenleben zweier Arten zum beiderseitigen Nutzen

    z.B. bei Pflanzen
    - **Mykorrhiza** Symbiose bestimmter Pilze mit Wurzeln, v.a. von Bäumen

      Nutzen
      - **Kohlenhydratversorgung** des Pilzes durch die Pflanze
      - **Mineralsalzversorgung** der Pflanze durch den Pilz
    - **Wurzelknöllchen** Symbiose von Knöllchenbakterien mit Pflanzenwurzeln, v.a. von Hülsenfrüchtlern

      Nutzen
      - **Kohlenhydratversorgung** der Bakterien durch die Pflanze
      - **Nutzbarmachen des Luftstickstoffs** für die Pflanze durch die Knöllchenbakterien
    - **Flechten** Symbiose zwischen Pilzen und Grünalgen oder Cyanobakterien

      Nutzen
      - **Kohlenhydratversorgung** des Pilzes durch die Alge bzw. das Cyanobakterium
      - **Mineralsalzversorgung und Schutz** der Alge bzw. des Cyanobakteriums vor Austrocknung durch den Pilz

    z.B. bei Tieren
    - **Endosymbiose** zwischen celluloseabbauenden Bakterien und Pflanzenfressern, z.B. Wiederkäuern, Termiten

      Nutzen
      - **optimaler Lebensraum** für die Bakterien im Pflanzenfresser
      - **Verdauung der Nahrung** durch die Bakterien
    - **Einsiedlerkrebs-Seeanemone-Symbiose**

      Nutzen
      - **Schutz des Einsiedlerkrebses** durch die Nesselkapseln der Seeanemone
      - **Teilhabe an der Nahrung** des Einsiedlerkrebses durch die Seeanemone
  - **Kommensalismus** Teilhabe an der Nahrung anderer Arten

    z.B. bei
    - **Aasfressern** beseitigen Nahrungsreste von Raubtieren
    - **Seeanemone-Einsiedlerkrebs-Beziehung**

ektotrophe Mykorrhiza Pilzhyphen bleiben außerhalb der Wurzelzellen
endotrophe Mykorrhiza Pilzhyphen dringen in die Wurzelzellen ein; häufigere Form der Mykorrhiza
Endosymbiose Leben eines Symbiosepartners im Körper des anderen

biotische Faktoren [Fortsetzung]

- **zwischenartliche Beziehungen** [Fortsetzung]
  - **Parasitismus** (Schmarotzertum) Leben eines Organismus (Parasit) auf Kosten eines anderen (Wirt)

    Kennzeichen
    - **Wirtsspezifität** des Parasiten; entstanden durch Koevolution

    man unterscheidet bei Tieren
    - **Ektoparasitismus** Parasit lebt am Körper des Wirts
      - **zeitweiliger Ektoparasitismus** Aufsuchen des Wirts nur zur Nahrungsaufnahme

        z.B. bei
        - **Stechmücke**
      - **dauernder Ektoparasitismus** ständiges Leben am Körper des Wirts

        z.B. bei
        - **Kopflaus**
    - **Endoparasitismus** Parasit lebt im Körper des Wirts

      z.B. bei
      - **Bandwürmern**
      - **Malariaerregern** Plasmodium spec.

      Kennzeichen
      - **Wirtswechsel** während der Parasitenentwicklung

    man unterscheidet bei Pflanzen
    - **Halbparasitismus** grüner Pflanzen; nur Wasser und Mineralsalze werden von der Wirtspflanze bezogen

      z.B. bei
      - **Mistel**
    - **Vollparasitismus** chlorophyllfreier, blattloser Pflanzen; alle Nährstoffe werden von der Wirtspflanze bezogen

      z.B. beim
      - **Fichtenspargel**

    Sonderformen
    - **Hyperparasitismus** Befall des Parasiten mit Sekundärparasiten

      z.B.
      - **Fleckfieberbakterienbefall** der Kleiderlaus des Menschen

        führt zu
        - **Fleckfieber** beim Menschen durch Einkratzen von Läusekot in die Haut
    - **Brutparasitismus** Eiablage in Nester fremder Vogelarten

      z.B. beim
      - **Kuckuck**

Parasitoide Parasiten, die den Tod des Wirts herbeiführen, z.B. Schlupfwespenlarven bei Schmetterlingsraupen

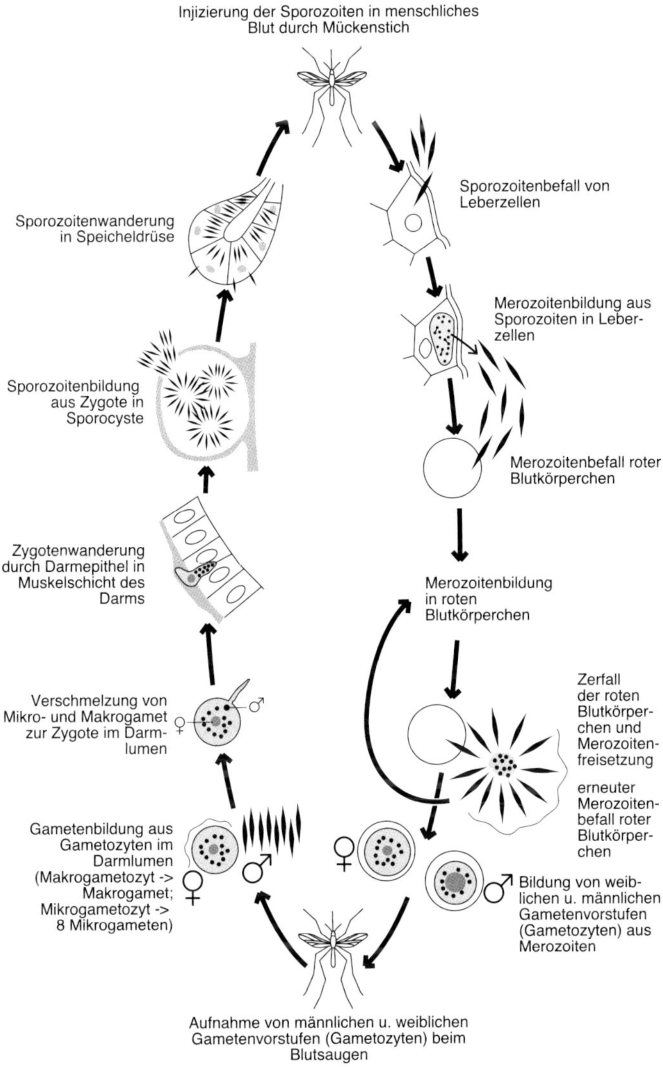

Malariazyklus

Populationsdynamik Einfluss abiotischer und biotischer Faktoren auf Populationswachstum und -größe

- **Populationswachstum**

  Berechnungsgrundlage

  - **Wachstumsrate** (Vermehrungsrate) Zuwachs an Individuen pro Zeiteinheit, z.B. pro Jahr

    abhängig von

    - **Fertilität** (Fruchtbarkeit)

      Kennzeichen

      - **Geburtenrate**
    - **Mortalität** (Sterblichkeit)

      Kennzeichen

      - **Sterberate**

  man unterscheidet

  - **exponentielles Wachstum** ohne Begrenzungsfaktor zu Beginn der Populationsentwicklung

    Kennzeichen

    - **Geburtenrate > Sterberate**

    Bedingungen

    - **genügendes Nahrungs- und Raumangebot**
    - **wenige/keine Feinde**

    Berechnung durch

    - **Zinseszinsformel** $N_t = N_0 (1 + r)^t$
  - **logistisches Wachstum**

    Kennzeichen

    - **Geburtenrate = Sterberate**

    erreicht durch

    - **Umweltwiderstand** Gesamtheit der wachstumsbegrenzenden Faktoren

      z.B.

      - **sinkendes Nahrungs- und Raumangebot**
    - **Umweltkapazität** Maximalgröße einer Population

      Berechnung durch

      - $\frac{dN}{dt} = \frac{rN(K-N)}{K}$
- **Populationsdichte** Verhältnis von Individuenzahl zu Flächen- oder Raumeinheit

  Regulierung durch

  - **dichteunabhängige Faktoren**

    z.B.

    - **Klima**
    - **außerartliche Konkurrenten**

Zinseszinsformel Populationsgröße (N_0) zur Zeit 0, Populationsgröße (N_t) zur Zeit t, Zeit (t) in Jahren, jährliche Wachstumsrate (r)

Umweltkapazität Umweltkapazität (K), Populationsgröße (N), jährliche Wachstumsrate (r), Zeit (t)

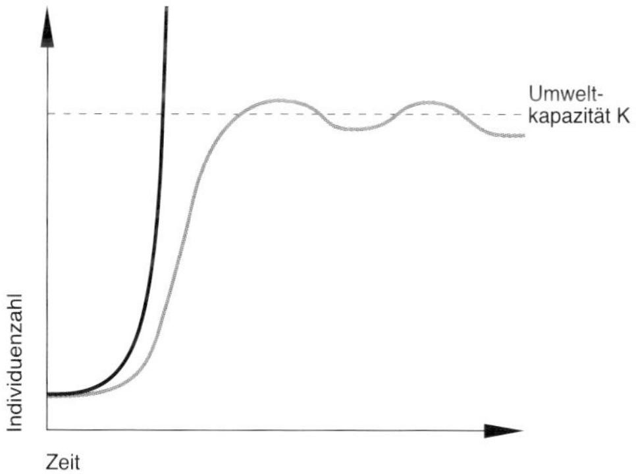

exponentielles (—) und logistisches (—) Wachstum mit Regulation an der Kapazitätsgrenze K

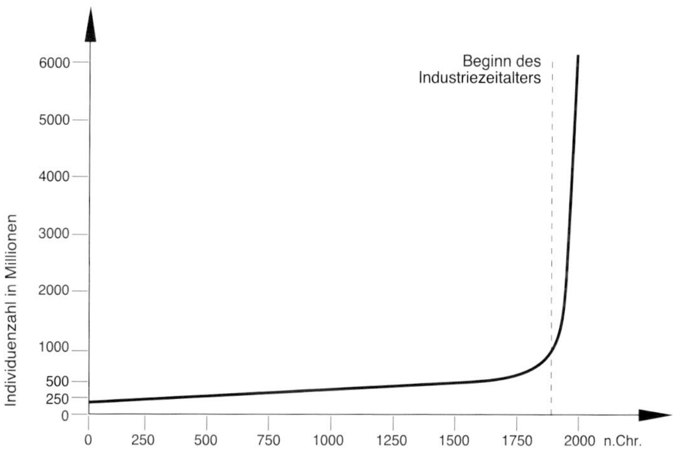

exponentielles Wachstum der menschlichen Population

Populationsdynamik [Fortsetzung]

- **Populationsdichte** [Fortsetzung]

  Regulierung durch

  - **dichteabhängige Faktoren**

    z.B.

    - **Nahrungs- und Raumangebot**
    - **Zahl der Feinde** beeinflusst Zahl der Beutetiere

      Räuber-Beute-Beziehung erfasst durch

      - **1. Volterrasches Gesetz** Individuenzahlen von Räuber und Beute schwanken periodisch
      - **2. Volterrasches Gesetz** Maxima der Individuenzahlen von Räuber und Beute sind phasenverschoben
      - **3. Volterrasches Gesetz** Umwelteinflüsse schädigen Räuber nachhaltiger als Beutetiere, da Beutetiere eine höhere Wachstumsrate haben

- **Populationswellen** (Massenwechsel) regelmäßige Schwankungen der Populationsdichte, v.a. bei Nagetieren

  ausgelöst durch

  - **exponentielles Wachstum**

    führt zu

    - **Erhöhung des Gedrängefaktors** kritische Verkleinerung der Individualdistanz
    - **sozialem Stress** Verhaltensstörungen
    - **Zusammenbruch** der Population durch Massensterben oder Auswanderung, z.B. bei Lemmingen

Ökosystem Wirkungsgefüge von Lebewesen und abiotischen Faktoren im Fließgleichgewicht

Struktur

- **Biotop** (Lebensraum, Standort) einer Art; gekennzeichnet durch biotische und abiotische Faktoren
- **Biozönose** (Lebensgemeinschaft) sich selbst regulierende Vergesellschaftung von Pflanzen und Tieren

  gegliedert in

  - **Trophieebenen**
    - **Produzenten** (Primärproduzenten)
      - **photo- und chemoautotrophe Organismen** grüne Pflanzen und chemoautotrophe Bakterien
    - **Konsumenten** (Verbraucher) Tiere
      - **Primärkonsumenten** pflanzenfressende Tiere
      - **Sekundärkonsumenten** fleischfressende Tiere
    - **Destruenten** (Reduzenten, Zersetzer) heterotrophe Organismen; leben von organischen Abfällen der Produzenten und Konsumenten

      man unterscheidet

      - **Abfallfresser** z.B. Regenwürmer, Dungkäfer
      - **Mineralisierer** bauen Abfall bis auf anorganische Bestandteile ab; z.B. Bakterien und Pilze

ökologisches Gleichgewicht Ausgewogenheit aller abiotischen und biotischen Faktoren im Ökosystem

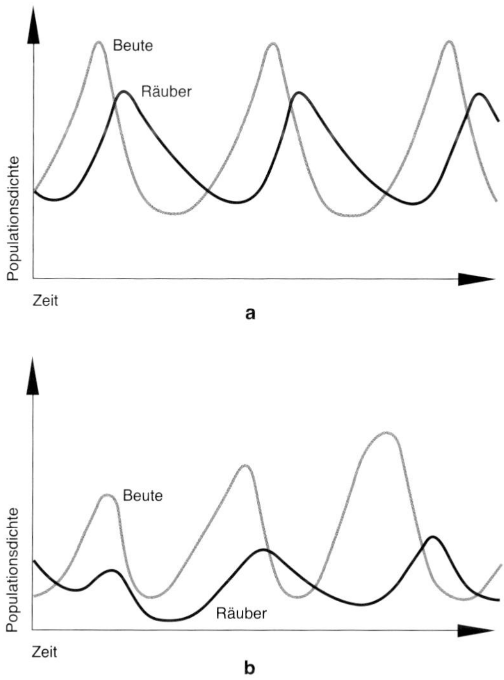

Populationsschwankungen (Räuber-Beute-Beziehung) nach dem 1. und 2. Volterraschen Gesetz (a) und nach dem 3. Volterraschen Gesetz (b)

Ökosystem [Fortsetzung]

Dynamik

- **biologische Stoffproduktion**

  man unterscheidet

  - **Bruttoprimärproduktion** Gesamtproduktion durch Photosynthese
  - **Nettoprimärproduktion** Photosyntheseproduktion abzüglich Atmungsverluste; steht Konsumenten als Nahrung zur Verfügung
- **Energiefluss** ständiger Energietransfer von einer Trophieebene zur nächsten

  in

  - **Nahrungsketten** Verknüpfung von Produzenten und Konsumenten

    z.B.

    - **Weide- bzw. Räuberketten** Beginn mit einem Produzenten
      - **Gras** Produzent
      - **Schaf** Primärkonsument
      - **Mensch** Sekundärkonsument; Endglied der Nahrungskette

      Kennzeichen

      - **zunehmende Individuengröße**
    - **Parasitenketten** Beginn mit einem Produzenten oder Konsumenten

      z.B.

      - **Mensch**
      - **Kleiderlaus**
      - **Fleckfieberbakterien**

      Kennzeichen

      - **abnehmende Individuengröße**

    darstellbar als

    - **ökologische Pyramiden** (Nahrungspyramiden) Darstellung der Produktivität der Trophieebenen
      - **Zahlenpyramide** Individuenzahl pro Trophieebene

        Kennzeichen

        - **Abnahme der Individuenzahl** pro Trophieebene
      - **Biomassepyramide** Trockengewicht der Organismen pro Trophieebene bezogen auf eine Flächeneinheit

        Kennzeichen

        - **Abnahme der Biomasse** pro Trophieebene
      - **Energiepyramide** Brutto- oder Nettoprimärproduktion pro Trophieebene

        Kennzeichen

        - **ca. 80-90% Energieverlust** pro Trophieebene

reifes Ökosystem gekennzeichnet durch hohe Artenzahl und zahlreiche Nahrungsketten/Nahrungsnetze

unreifes Ökosystem geringe Artenzahl, wenige Nahrungsketten und -netze; z.B. das vom Menschen geschaffene (anthropogene) Ökosystem Stadt, in dem nur sehr wenige Pflanzen- und Tierarten (Kulturfolger) existieren können

Nahrungsnetz Verknüpfung mehrerer Nahrungsketten

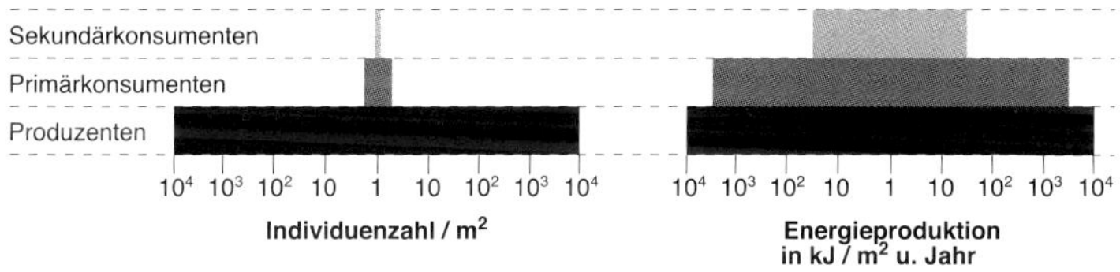

ökologische Pyramiden

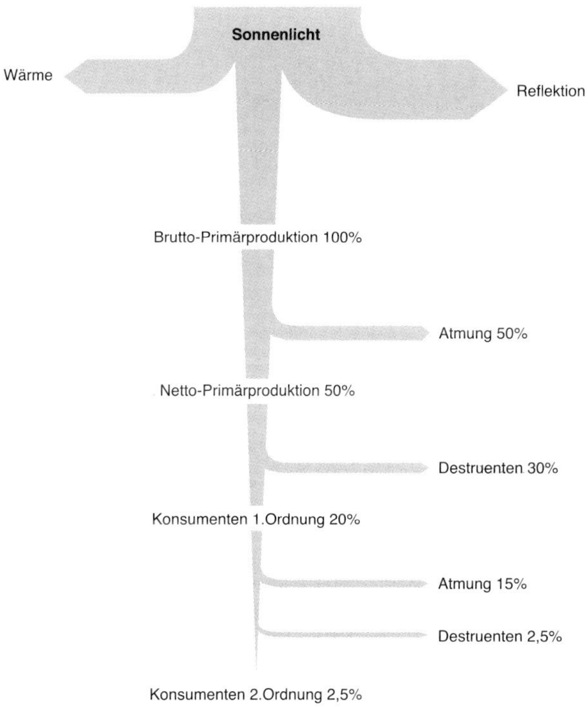

Energiefluss in einem Ökosystem

Ökosystem [Fortsetzung]

Dynamik

- **Stoffkreisläufe**
  - **Stickstoffkreislauf**

    Stickstoff wichtig für
    - **Aminosäuren- und Proteinaufbau**
    - **Nukleinsäurenaufbau**

    Phasen
    - **Fixierung des Luftstickstoffs**
      - **Reduktion von N_2 zu NH_4^+**

      z.B. durch
      - **Azotobacter spec.** im Boden
      - **Rhizobium spec.** (Knöllchenbakterien)
      - **Cyanobakterien** im Boden
    - **Nitrifikation**
      - **Oxidation von NH_4^+ zu NO_3^-** über NO_2^-

      durch
      - **nitrifizierende Bakterien** im Boden
    - **assimilatorische Nitratreduktion**
      - **Reduktion von NO_3^- zu NH_4^+**
      - **Einbau von NH_4^+** in stickstoffhaltige Verbindungen

      durch
      - **Pflanzen**
    - **Ammonifikation**
      - **NH_4^+-Bildung** durch Abbau stickstoffhaltigen organischen Abfalls

      durch
      - **Bodenbakterien**
    - **Denitrifikation**
      - **Reduktion von NO_3^- zu N_2**

      durch
      - **denitrifizierende Bakterien** im Boden
  - **Kohlenstoffkreislauf**
    - **Einbau von CO_2 in organische Substanzen** durch autotrophe Pflanzen
    - **Abbau organischer Substanzen zu CO_2** durch heterotrophe Organismen
- **Sukzession** zeitliche Abfolge von Pflanzen- und Tiergesellschaften

  Ursachen
  - **kontinuierliche Änderung** abiotischer Faktoren

    z.B. bei
    - **Verlandung** eines Sees
  - **abrupte Änderung** abiotischer Faktoren

    z.B. bei
    - **Windbruch, Waldbrand**, **Vulkanausbruch**

  führt zu
  - **Klimaxgesellschaft** stabiler Endzustand einer Sukzession

Sekundärvegetation sich nach Vernichtung der ursprünglichen Vegetation durch den Menschen einstellende artenärmere Vegetation

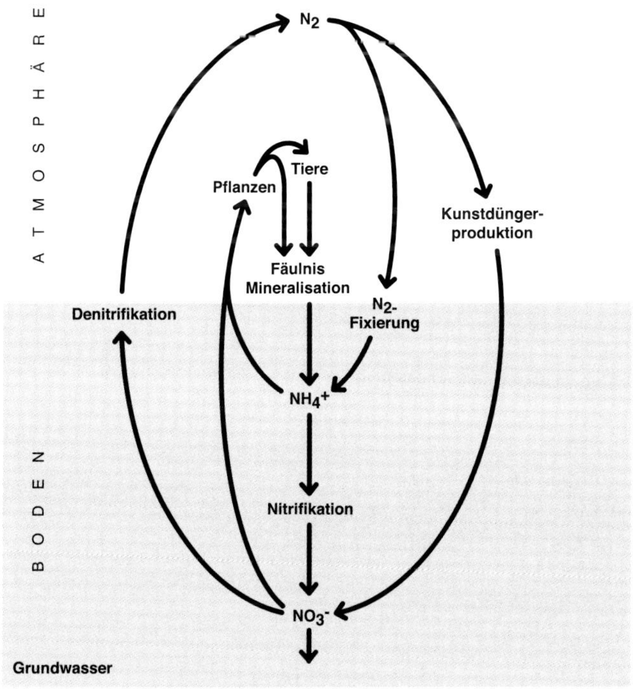

Kreislauf des Stickstoffs

Ökosystem Wald Klimaxgesellschaft fast aller Klimazonen

Beispiele

- **Buchenmischwald** natürliche Waldform Mitteleuropas

  zeigt

  - **Stockwerkaufbau**
    - **Krautschicht** vor dem Laubaustrieb der Bäume blühend

      typische Pflanzen z.B.

      - **Buschwindröschen, Scharbockskraut**
    - **Strauchschicht** aus Jungbäumen und Sträuchern

      typische Pflanzen z.B.

      - **Holunder**, **Faulbaum**
    - **Baumschicht**

      z.B. aus

      - **Buche, Eiche, Ahorn**

  Bedeutung

  - **Schutzfunktion** v.a. im Gebirge

    z.B. gegen

    - **Hochwasser**
    - **Bodenerosion**
    - **Lawinen**
  - **Verbesserung des Mikroklimas** der Landschaft

    durch

    - **Luftbefeuchtung/-reinigung**
- **Regenwald** Waldform der Tropen

  zeigt

  - **Stockwerkaufbau** wie beim Wald der gemäßigten Zone

  Kennzeichen

  - **immergrün**
  - **sehr feucht** durch tägliche Niederschläge
  - **äußerst artenreich** ca. 5000 Baumarten im Amazonasregenwald
  - **Epiphyten** (Aufsitzerpflanzen) in der Baumschicht
  - **nährstoffarmer Boden** keine Humusbildung; völlige Mineralisierung der organischen Abfälle

    Ursache

    - **ganzjährige Aktivität** der Destruenten

  Bedeutung

  - **wichtiger Sauerstofflieferant** der Erde
  - **wichtiger Klimafaktor** der Erde
  - **bedeutendes Genreservoir** durch Artenreichtum

Epiphyten auf Ästen von Bäumen wachsend; v.a. Orchideen und Bromelien; Wurzeln dienen v.a. der Befestigung; bei Bromelien Wasseraufnahme durch Saugschuppen auf den Blättern

Ökosystem Süßgewässer

- **Fließgewässer**

  Gliederung

  - **Bachbereich** mit turbulenter Strömung

    Kennzeichen

    - **steiniger Boden**
    - **hoher Sauerstoffgehalt** des Wassers
    - **Wassertemperatur 3 - 10°C** im Sommer
    - **nährstoffarmes Wasser** kein Plankton
    - **wenige Wasserpflanzen**

    typische Fische

    - **Forelle und Äsche**
  - **oberer Flussbereich** mit starker Strömung

    Kennzeichen

    - **grober Kies** am Boden
    - **hoher Sauerstoffgehalt** an der Wasseroberfläche
    - **niedrigerer Sauerstoffgehalt** am Boden
    - **Wassertemperatur bis 15°C** im Sommer
    - **nährstoffarmes Wasser** wenig Plankton
    - **wenige Wasserpflanzen**

    typischer Fisch

    - **Barbe**
  - **unterer Flussbereich** mit langsamer Strömung

    Kennzeichen

    - **feiner Kies und Sand** am Boden
    - **genügender Sauerstoffgehalt** an der Wasseroberfläche
    - **niedriger Sauerstoffgehalt** am Boden
    - **Wassertemperatur > 20°C** im Sommer
    - **nährstoffreiches Wasser** mit Plankton
    - **viele Wasserpflanzen, Uferbewuchs**

    typischer Fisch

    - **Brachse**
  - **Mündungsbereich** mit schwacher Strömung

    Kennzeichen

    - **Schlammboden**
    - **mäßiger Sauerstoffgehalt** an der Wasseroberfläche
    - **geringer Sauerstoffgehalt** am Boden
    - **Wassertemperatur > 20°C** im Sommer
    - **nährstoffreiches Wasser** viel Plankton
    - **viele Wasserpflanzen, Uferbewuchs**
    - **Brackwasser** am Übergang zum Meer

    typische Fische

    - **Kaulbarsch**
    - **Flunder** im Brackwasser

Plankton wasserlebende Mikroorganismen, z.B. pflanzliche und tierische Einzeller, Kleinkrebse und Larvenstadien, z.B. von Weichtieren

Selbstreinigung eines Gewässers bei mäßiger Verschmutzung durch Vermehrung der Destruenten

Gewässergüteklassen mit jeweils typischen Lebewesen; Einteilung nach Verschmutzungsgrad; oligosaprobe Zone: reines Wasser; ß-mesosaprobe Zone: mäßig verschmutzt; mesosaprobe Zone: stark verschmutzt; polysaprobe Zone: sehr stark verschmutzt

Ökosystem Süßgewässer [Fortsetzung]

- **See** natürliches, stehendes Gewässer

  Gliederung

  - **Uferbereich** (Litoral)
  - **Freiwasserbereich** (Pelagial)
    - **Epilimnion** (Nährschicht) Lichtschicht mit autotrophen Organismen; warmes Wasser im Sommer
    - **Hypolimnion** (Zehrschicht) Dunkelschicht mit heterotrophen Organismen; Wassertemperatur mehr oder weniger konstant niedrig
    - **Metalimnion** (Sprungschicht) wenige m dicke Trennschicht zwischen Epi- und Hypolimnion mit starkem Temperaturgefälle
  - **Bodenbereich** (Benthal) gehört zur Zehrschicht

  Wasserzirkulation

  - **Sommer- und Winterstagnation** keine Wasserzirkulation im Winter; im Sommer Wasserzirkulation nur im Epilimnion

    Ursache

    - **Temperatur- und Dichteunterschiede** zwischen Epi- und Hypolimnion
  - **Herbst- und Frühjahrszirkulation**

    Ursache

    - **Angleichung von Temperatur und Dichte** zwischen Epi- und Hypolimnion

  Einteilung nach Nährstoffgehalt

  - **oligotropher See** nährstoffarm
    - **wenig Uferbewuchs**
    - **wenige Wasserpflanzen, wenig Plankton**
    - **sauerstoffreiches Wasser**
  - **eutropher See** nährstoffreich
    - **starker Uferbewuchs**
    - **viele Wasserpflanzen, viel Plankton**
    - **Sauerstoffverarmung des Wassers** im Sommer; Destruenten verbrauchen Sauerstoff
    - **Verlandung** durch Sukzession bestimmter Pflanzengesellschaften

      Stufen

      - **Bruchwald** aus Erlen und Weiden im äußeren Litoral; Grundwasserspiegel in Höhe der Erdoberfläche
      - **Seggenzone** im Hochwasserbereich des Sees
      - **Röhricht** mit Schilf und Rohrkolben; Wassertiefe bis 2 m
      - **Schwimmblattpflanzenzone** mit See- und Teichrosen; Wassertiefe bis 4 m
      - **Tauchblattpflanzenzone** mit schwimmenden Pflanzen, z.B. Wasserlinse, oder im Seeboden wurzelnden Pflanzen, z.B. Wasserpest; Wassertiefe bis 10 m

Ökosystem Meer größtes Ökosystem; Kennzeichen: artenreiche Tierwelt, Fehlen höherer Pflanzen, lange Nahrungsketten; Gliederung des Pelagials in Lichtzone (Epipelagial mit photosynthetisch aktiven Algen) bis 200 m, Dämmerungszone (Bathyal) bis 1000 m und lichtlose Zone (Tiefsee, Abyssal mit wenigen augen- und skelettlosen Tierarten) unter 1000 m; Frühjahrs- und Herbstzirkulation des Wassers in der gemäßigten und subpolaren Zone bringt nährstoffreiches Wasser nach oben und bewirkt Planktonwachstum und Fischreichtum; Stagnation der Wasserzirkulation in den Tropen bedingt Artenarmut durch nährstoffarmes Wasser

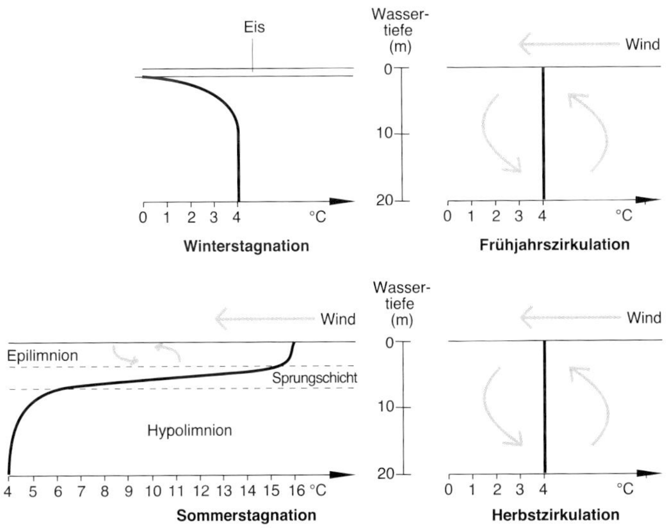

jährliche Temperaturschichtung und Zirkulation in einem See

Ökosystem Süßgewässer [Fortsetzung]

- **See** [Fortsetzung]
  - **eutropher See** [Fortsetzung]
    - **Verlandung** [Fortsetzung]

      führt zu

      - **fortschreitender Einengung** des Pelagials durch Massenanfall von Pflanzenresten mit Vertorfung unter Luftabschluss
      - **Klimaxgesellschaften** der Sukzession
        - **Bruchwaldmoor** (Flachmoor)
        - **Hochmoor** Verdrängung des Bruchwalds durch Torfmoos in feucht-kühlem Klima

Eingriffe des Menschen in Ökosysteme

ausgelöst durch

- **Zivilisationsansprüche** der Industriestaaten

  Kennzeichen

  - **hoher Energieverbrauch** v.a. fossiler Energieträger
  - **hoher Rohstoffverbrauch** v.a. von Erdöl und Metallen als Rohstoffe zur Güterproduktion

  führt zu

  - **Müllproblem**
- **hohes Bevölkerungswachstum** in armen Ländern; Wachstumsrate z. Zt. 2%; entspricht einer Verdoppelungszeit der Weltbevölkerung von 35 Jahren

Einzelfaktoren

- **Land- und Forstwirtschaft**
  - **Monokulturen/Massentierhaltung**

    Vorteil

    - **hoher Ertrag**

    Nachteile

    - **Schädlings-/Krankheitsanfälligkeit**

      vermeidbar durch

      - **Abkehr von Monokulturen/Massentierhaltung**
    - **hoher Energieverbrauch** z.B. durch Großmaschineneinsatz, automatisierte Tierfütterung und -pflege
    - **Boden- und Grundwasserverseuchung**

      durch

      - **Pflanzenschutzmittel** (Pestizide)
      - **Pflanzenvernichtungsmittel** (Herbizide)
      - **Düngemittel/Gülle**

      vermeidbar durch

      - **biologische Schädlingsbekämpfung**

        z.B. durch

        - **Einsatz von Fressfeinden/Parasiten** der Schädlinge
      - **Reduzierung des Düngemitteleinsatzes**
    - **Bodenerosion**

      vermeidbar durch

      - **Anpflanzen von Windschutzhecken**

Recycling Wiederverwendung der Rohstoffe als Lösung des Müllproblems; Vorteil: Rohstoffersparnis; Nachteile: großer Energie- und technischer Aufwand, hohe Kosten; nicht für alle Rohstoffe möglich
Monokultur großflächiger Anbau nur einer Kulturpflanzen- bzw. Nutzholzart, z.B. Mais, Weizen, Fichte; führt neben großer Schädlingsanfälligkeit zu einseitiger Bodenbeanspruchung und -erosion durch Verarmung des Bodens an bestimmten Mineralsalzen und fehlenden Fruchtwechsel
integrierter Pflanzenschutz durch biologische Schädlingsbekämpfung, klima- und bodenangepasste Sortenwahl sowie Fruchtwechsel

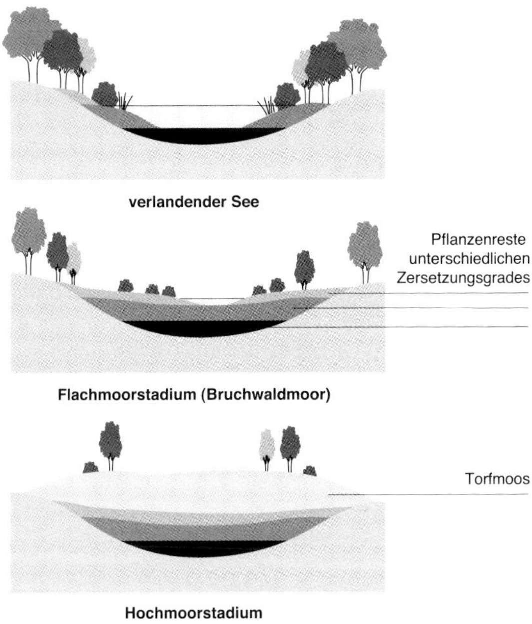

vereinfachte Darstellung der Verlandung eines eutrophen Sees

Produktionsart	Produktivität
Sammlerkultur	7,5*
Ackerbau nur mit menschlicher Arbeitskraft	6,4*
Ackerbau mit Zugtieren	4,5*
Ackerbau voll technisiert	2,5*
Obstanbau	0,8*

***Verhältnis Energiegewinn (Energieinhalt der Nahrungspflanzen) zu Energieaufwand (Maschinen-, Düngemittel,- Pestizideinsatz) bei der Nahrungspflanzenproduktion**

Eingriffe des Menschen in Ökosysteme [Fortsetzung]

Einzelfaktoren

- **Wasserwirtschaft**
  - **Begradigung von Flussläufen** zur Hochwassereindämmung und Siedlungsraumgewinnung

    führt zu
    - **Sinken des Grundwasserspiegels** Versickern des Wassers wird durch erhöhte Strömungsgeschwindigkeit verhindert

      führt zu
      - **Gefährdung der Trinkwasserversorgung**
      - **Waldsterben**
  - **Wasserverschmutzung** durch Abwassereinleitung und Einschwemmen von Dünge- und Pflanzenschutzmitteln von Feldern

    führt zu
    - **Überdüngung** (Eutrophierung) von Gewässern
    - **Massenvermehrung** von Algen und Bakterien
    - **Sauerstoffverarmung** durch sauerstoffzehrende Abbauvorgänge
    - **"Umkippen"** des Gewässers; Absterben aller Lebewesen

      durch
      - **Faulschlammbildung** mit Bildung giftiger Faulgase, z.B. NH_3 (Ammoniak), H_2S (Schwefelwasserstoff)
      - **Vergiftung** mit Schwermetallen aus Industrieabwässern
    - **Gefährdung der Trinkwasserversorgung**

    Beseitigung durch
    - **Kläranlagen** dreistufig
      - **mechanische Reinigung** des Wassers durch Siebe
      - **biologische Reinigung** des Wassers durch Bakterien
      - **chemische Reinigung** des Wassers durch Ausfällen unerwünschter wasserlöslicher Salze, z.B. Phosphat, Nitrat

FCKW bis vor kurzem als Treibgas in Spraydosen, bis heute als Schäumungsmittel für Kunststoffe und Kältemittel für Kühlgeräte eingesetzt

Ozonloch Vernichtung der UV-absorbierenden Ozonschicht der oberen Atmosphäre durch langsames Aufsteigen der FCKW, die unter UV-Einwirkung zerfallen und mit Ozon reagieren; die Erhöhung der UV-Strahlung am Boden kann zu Hautkrebs führen

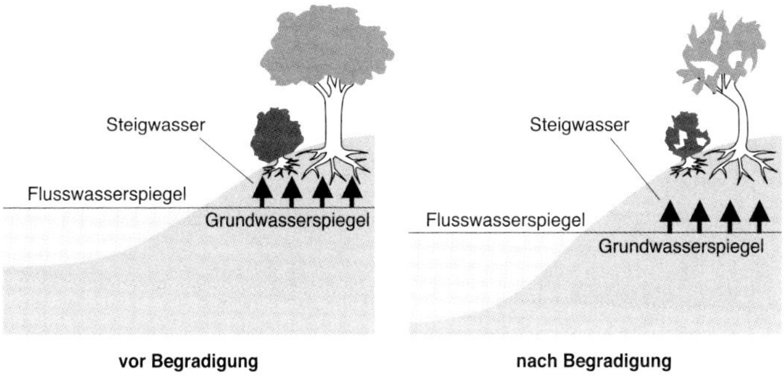

Grund- und Flusswasserspiegel vor und nach der Flussbegradigung

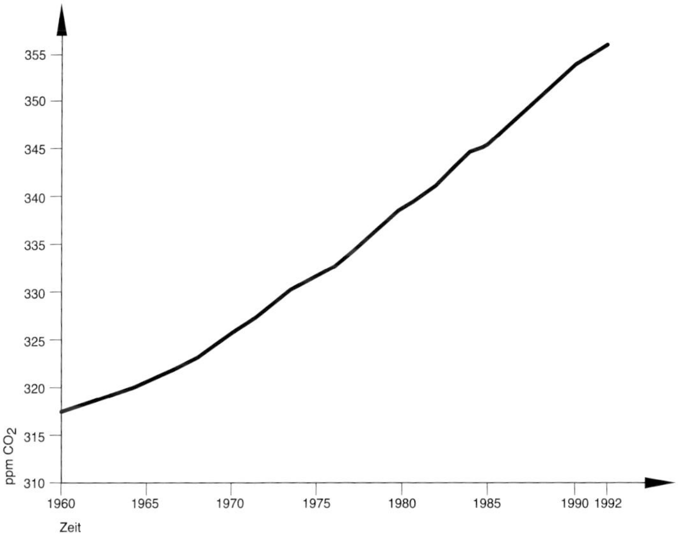

Anstieg der CO_2-Konzentration in der Atmosphäre

Eingriffe des Menschen in Ökosysteme [Fortsetzung]

Einzelfaktoren

- **Luftverschmutzung** v.a. durch Industrie und Verkehr
  Luftschadstoffe
  - **SO_2** (Schwefeldioxid)
  - **NO_x** (Stickoxide)
  - **CO/CO_2** (Kohlenmonoxid/Kohlendioxid)
  - **O_3** (Ozon) in der unteren Atmosphäre durch Reaktion von NO_x mit O_2 unter Lichteinwirkung
  - **Kohlenwasserstoffe** z.B. CH_4 (Methan)
  - **FCKW** (Fluor-Chlorkohlenwasserstoffe)
  - **Stäube** mit Schwermetallen und Ruß

  Wirkungen
  - **"saurer Regen"** durch Lösen der Schadstoffe im Regenwasser
    führt zu
    - **Waldsterben**
      durch
      - **Schädigung der Blätter**
        durch
        - **Zerstörung des Chlorophylls**
        - **Hemmung des Schließmechanismus** der Spaltöffnungen
      - **Schädigung der Wurzeln**
        durch
        - **Zerstörung der Mykorrhizapilze**
        - **Übersäuerung des Bodens**
          führt zu
          - **Freisetzung giftiger Metallionen** z.B. Aluminiumionen im Boden
  - **Allergien** beim Menschen; z.B. Asthma
  - **Treibhauseffekt** Erhöhung der Temperatur der Erdatmosphäre
    durch
    - **Wärmeabsorption** v.a. von CO_2 und CH_4
      führt zu
      - **Schmelzen** von Gletschern und Polareis
      - **Meeresspiegelerhöhung**
      - **Verschieben der Klimazonen** der Erde

  Beseitigung durch
  - **Filteranlagen** in Industrieschornsteinen
  - **Katalysatoren** für Autoabgase
  - **Reduzierung von Verbrennungsvorgängen**

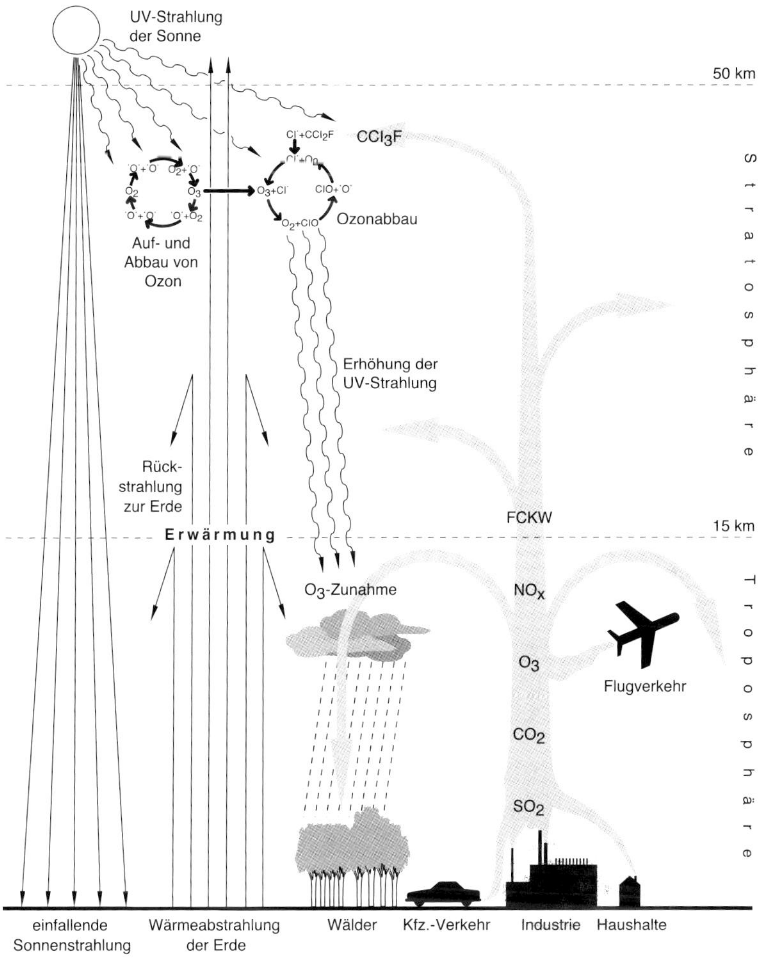

Schema der Schadstoffausbreitung und deren Folgen für die Atmosphäre

l